AF359239

NOUVEAU MANUEL

DU

CHASSEUR.

IMPRIMERIE DE RIGNOUX,
rue des Francs-Bourgeois-Saint-Michel, n° 8.

NOUVEAU
MANUEL DU CHASSEUR

Contenant

des Instructions sur les Armes
les Chiens et les Chevaux &c

Un Traité sur les divers genres de chasse
les Lois et Ordonnances;

PAR **M. THIERRY**, GARDE GÉNÉRAL.

PARIS.

Imprimerie de Mme Huzard (Née Vallat la Chapelle).
Rue de l'Éperon, N° 7.

NOUVEAU MANUEL

DES CHASSEURS.

CHAPITRE PREMIER.

DES ARMES ET MUNITIONS.

Du fusil.

Les armes fabriquées en France ont acquis dans toute l'Europe une réputation méritée. L'état de guerre presque continuel dans lequel notre pays s'est trouvé pendant vingt-cinq ans, a dirigé vers ce travail un grand nombre d'ouvriers qui se trouvaient dans les ateliers du gouvernment à l'abri du service militaire. Quelques-uns d'entre eux se sont fortifiés dans cette profession, et ils l'exercent aujourd'hui avec des succès qui nous promettent encore pour longtemps notre supériorité dans ce genre d'industrie. De leur côté, la chimie et la mécanique, cultivées plus que jamais, sont venues révéler des procédés plus simples et plus avantageux pour travailler le fer et l'acier, et éclairer ainsi de leur flambeau l'artiste laborieux et intelligent. L'emploi surtout de la poudre sur-oxygénée pour enflammer la charge a opéré une révolution nouvelle dans la construction des armes, et les fabricants ne s'exercent plus guère qu'à trouver, par ce nouveau moyen, un mécanisme qui puisse mieux fixer l'attention et la confiance des chasseurs.

Des différentes sortes de fusils.

Les fusils dont on se sert à la chasse sont de deux espèces : la première, la plus ancienne, est le fusil à pierre ou à silex ; la seconde, est le fusil à piston et à poudre sur-oxygénée.

Parmi les fusils à pierre, on en distingue encore de deux sortes :

Le fusil à pierre ordinaire, connu de tout le monde, dont l'âme du canon est cylindrique et la lumière percée au ras, ou à peu près, de la culasse : nous n'en ferons pas une description particulière, parce qu'il est assez répandu ;

Et le fusil à pierre à culasse, à dé ou à chambre.

Celui-ci diffère du précédent, en ce que la culasse est trempée ; qu'étant vissée comme l'autre dans le canon, elle prolonge le tonnerre d'un pouce environ, du côté de la crosse, et se trouve forée dans son centre,

de manière à faire suite à l'âme du canon.
C'est dans la construction de cette pièce et
dans son action que consistent principalement
la différence et les avantages de cette arme.

On pratique dans cette culasse une chambre qui varie dans la forme et les dimensions, suivant l'expérience ou l'idée des
fabricants ou des chasseurs. On en voit de
coniques, de cylindriques, de demi-sphé-
riques ou à dé, et de formes irrégulières.
Elles ont toutes pour but de favoriser l'in-
stantanéité de la déflagration de la poudre,
de manière à ce que le départ soit plus rapide, et que l'action du fluide qu'elle produit
soit plus immédiate sur la charge du plomb.
Toutes ces formes ont à peu près les mêmes
avantages et produisent le même résultat.
Cependant, si nous avions à en employer
une, nous préférerions, d'après quelques
essais, celle à base presque demi-sphérique,
où la lumière vient aboutir au centre de cette
base. Il est évident que si la portée des
armes de chasse dépend en partie de la rapidité de l'inflammation de la poudre, ces
différents moyens de l'opérer doivent être
meilleurs. Le feu du bassinet se communi-
quant à la charge d'une manière plus uniforme par l'axe du canon, doit produire une
détonation plus subite; et la culasse étant
trempée et plus épaisse doit moins céder aux
efforts de l'explosion, qui procure par conséquent une impulsion ou une vitesse plus

grande au plomb, puisqu'elle agit de ce côté, sans retard, sans déviation et sans perte.

Les platines de fusils à piston et à poudre sur-oxygénée varient beaucoup dans leur construction. Les plus anciennes, dont on se sert encore, ne diffèrent de celles à pierre que par la batterie. Un cylindre, percé dans son axe et dans sa partie supérieure jusqu'à la jonction de ce premier trou, remplace le bassinet. Il est fixé par un pas de vis à forts filets dans la culasse à dé ou dans le canon, suivant que ce canon appartient à un vieux fusil. Le chien forme marteau, et porte au sommet un piston d'un plus petit diamètre que le trou ou bassinet pratiqué dans le cylindre dont on vient de parler. Un grain de poudre fulminante, enveloppé de cire, étant placé dans ce bassinet, on conçoit facilement comment le marteau ou chien étant lâché par le procédé ordinaire, doit percuter cette amorce, l'enflammer et lancer le feu dans le canon.

Les fabricants d'armes, depuis l'origine de ces platines, se sont singulièrement occupés de les perfectionner. Les avantages qu'elles présentent en effet, par la rapidité de l'inflammation de la charge de poudre qu'elles procurent, sont assez intéressants pour exciter leur émulation et l'attention des chasseurs. Celles dont on se sert le plus sont de l'invention de MM. *Lepage, Deboubert, Rénette, Prélat, Bachereau* et *Polet,* armuriers, tous avantageusement connus. Celles de ces derniers ont le double mérite de pouvoir servir comme les autres platines, et de recevoir, à volonté, un magasin d'amorces. Il est vrai que les magasins, près d'un endroit où la poudre brûle et détonne, donnent toujours un peu d'inquiétudes, à cause des accidents qui peuvent arriver et dont on a malheureusement quelques exemples. Le plus grand perfectionnement que ces diverses platines présentent est d'avoir ménagé, sur la culasse à dé, une masse de fer dans laquelle on pratique, ou le bassinet qui doit recevoir l'amorce, ou le piston qui doit la percuter, lorsqu'elle est placée dans la tête du chien.

Au résumé, en examinant toutes les batteries de ces platines pour lesquelles chacun a pris un brevet d'invention, on aperçoit peu de différence entre elles. C'est toujours un marteau et une enclume placés, dans l'un ou l'autre cas, en sens inverse qui percutent la poudre sur-oxygénée. Parmi les artistes qui se sont occupés d'améliorations, on doit cependant remarquer M. *Deboubert* qui a eu l'idée assez bonne de renfermer l'amorce dans une capsule de cuivre, grosse comme une fève environ ; cette capsule étant ouverte d'un côté, de manière à pouvoir se fixer sur le piston, garantit l'amorce de l'humidité, et assure mieux à celui qui en fait usage la certitude de l'explosion. L'amorce qu'elle renferme ne contenant aucun corps qui lui soit étranger, comme la cire ou le vernis dont on enveloppe les autres, est nécessairement plus susceptible d'inflammabilité.

Mais toutes les modifications qu'on a fait subir à la platine pour employer la poudre sur-oxygénée, prouvent l'intérêt et l'avantage que cette poudre présente. Les fabricants et les chasseurs en sont également convaincus ; et le fusil *Pauly,* qui est peut-être la cause de tant de travaux et d'efforts réunis, vient encore corroborer cette opinion.

Ce fusil se compose à peu près des mêmes pièces que le fusil à pierre : un canon, une platine, une bascule mobile, un fût et les différents objets de garnitures ordinaires, moins la baguette. Il diffère seulement par la disposition, la forme et la marche de quelques-unes de ces pièces.

Le canon est forgé et foré comme celui d'un fusil à pierre. On enlève, en le forgeant, sur la masse du tonnerre deux tourillons qui sont destinés à supporter l'effet du recul et à attacher la bascule mobile au canon. Ils ont à peu près six lignes de saillie sur autant de diamètre. Ceux qui seroient soudés ou à vis n'offriraient pas assez de solidité.

On enlève également au canon simple à un pouce environ de l'extrémité du tonnerre et dessous, une bouterolle de trois à quatre lignes de saillie sur autant de diamètre. Cette pièce est destinée à s'encadrer dans le corps de platine et à recevoir dans son contre une vis à forts filets qui attache le canon sur son affût.

Pour atteindre le même but dans les fusils doubles, on fixe et on soude entre les deux canons, toujours du côté du tonnerre, un morceau de fer portant une bouterolle qui est également destinée, lorsqu'elle est rodée, à entrer dans le corps de platine pour résister au recul. Une vis passant par le devant de sous-garde pénètre dans cette bouterolle qui est taraudée, et concourt avec un pivot placé à un ou deux pouces en avant, et le tiroir qui traverse le tenon, à fixer invariablement le canon sur son affût.

Les canons reçoivent deux frésures au tonnerre; l'une légèrement conique d'une ligne et demie environ de profondeur, pour loger la rosette attachée à chaque cartouche, et l'autre cylindrique, de la longueur de la plus longue cartouche présumée qu'on veuille y introduire. Son diamètre diffère du reste de celui de l'âme du canon, à peu près de l'épaisseur du papier de la cartouche. Cette frésure ou chambre est nécessaire pour obtenir une plus grande portée.

Dans les fusils doubles de cette invention, comme dans les autres fusils, pour que les deux canons soient bien assemblés, il faut qu'il y ait peu de différence entre l'épaisseur qui sépare l'âme des deux canons au tonnerre et celle qui les sépare à la bouche. Alors, les coups portent plus parallèlement à la ligne de mire, et sont par conséquent plus exacts; ce qui se fait surtout remarquer lorsqu'on tire à balle.

On soude les canons et les plate-bandes des fusils doubles, à l'étain, au cuivre ou à l'argent. La soudure à l'étain n'offre pas assez de solidité et ne permet pas de mettre les canons au feu pour leur donner la couleur, ou pour y souder la plus petite pièce; mais elle les fatigue moins; ils ne se gauchissent pas autant pendant l'opération et restent mieux dans le même plan. Si quelques chasseurs en font établir de cette manière, ils courent la chance de les envoyer plus souvent chez le canonnier. La soudure au cuivre ou à l'argent est beaucoup plus forte; les fabricants préfèrent celle au cuivre parce que ce métal se fond mieux, qu'il se répand plus uniformément, et qu'il atteint le même but en coûtant beaucoup moins.

La plate-bande supérieure qui sert à déterminer la ligne de mire doit être d'équerre avec les canons au tonnerre, et s'enfonce insensiblement jusqu'à la bouche.

Les plate-bandes dites à l'*anglaise,* qui font un relief d'une ou deux lignes sur le canon, le surchargent inutilement et laissent un vague dans la direction de l'œil, qui doit nuire à la précision du tir. On peut d'ailleurs les arranger de la manière que j'indique, pour faire lever le coup autant qu'on le désire en les faisant enfoncer davantage du côté de la bouche. Ce qui prouve d'ailleurs que l'élévation et la largeur de la plate-bande au tonnerre ne favorisent pas la justesse de la ligne visuelle, c'est que quand on veut tirer droit à la cible, par exemple, on pratique à la visière du fusil une fente très légère, qui laisse à peine apercevoir l'objet sur lequel on tire.

La mouche doit être placée près de la bouche du canon ; la visière d'où part le rayon visuel en étant plus éloignée, la ligne de mire en est plus positive, et se trouve moins sujette à éprouver de déviation. On tire, en effet, beaucoup plus droit avec un canon long qu'avec un canon court ; et, en principe général, plus deux points qui déterminent la position d'une ligne droite sont éloignés l'un de l'autre, et moins il y a de variation dans le tracé de la ligne.

La platine du fusil à piston et à bascule mobile se compose de neuf pièces principales : d'un corps de platine, d'un grand ressort, d'une noix qui fait marteau, d'un chien, d'une gâchette, d'un ressort de gâchette, d'une chaînette qui lie le grand ressort avec la noix, et de deux brides qui reçoivent et supportent les pivots de la noix. Toutes ces pièces fixées sur le corps de platine par cinq vis forment l'ensemble de la platine qui est placée, quand le fusil est monté, sous le canon, et s'étend le long de la poignée jusqu'à la joue. Cette longueur du corps de platine est nécessaire pour donner de la consistance au bois de fusil qui serait dans cet endroit très faible, et qui devient, au contraire, d'une grande force quand les vis sont placées et lient la sous-garde. avec ce corps de platine.

La bascule mobile se compose de sept pièces : le corps de bascule, de deux plaques de côté, d'une planchette que traverse le piston et qui sert à fixer sa direction; d'un piston, d'une pyramide tronquée, arrangée pour recevoir un morceau de cuir épais trempé dans l'huile; le piston, en passant par le milieu de ce cuir, éprouve un frottement doux qui se maintient longtemps et facilite son mouvement; enfin, d'un petit ressort qui est placé sous le piston près de la planchette, toujours dans l'intention de diminuer le frottement. Une languette dans les fusils doubles, placée à queue d'aronde dans la bascule, sépare les deux canons et empêche les deux coups de se communiquer; elle se plonge en dessous, de manière à se loger dans un sillou pratiqué dans le corps de platine. Je ne parle pas des différentes vis qui servent à attacher ensemble toutes ces pièces; il existe encore deux roudelles placées sous les vis qui entrent dans les tourillons; elles servent à empêcher que la bascule, dans ses mouvements multipliés, ne fasse échapper ces vis.

Le fût ou le bois du fusil est d'une seule pièce, comme dans les autres fusils; il a la même destination, la même forme et les mêmes pièces de garnitures. Une seule vis à gros filets passe par le devant de sous-garde et pénètre dans la bouterolle qui s'encadre dans le corps de platine. Cette vis et le tiroir sont les deux pièces qui fixent invariablement le canon sur son affût. Le ressort à crochet, placé à l'origine de la joue, est fixé en dessous par une vis cachée sous la sous-garde. Quand on baisse la bascule, une fente pratiquée au point de la queue de bascule vient s'accrocher à ce ressort et s'y arrêter. La bascule ainsi fermée, on n'aperçoit plus en dehors aucune pièce de mécanisme de l'arme, si ce n'est le chien et la sousgarde.

Une construction soignée du fût ou du bois de fusil est une chose très essentielle; elle fait ressortir et apprécier l'arme suivant la qualité du bois et la forme gracieuse et commode qu'on lui donne; c'est sous ce rapport que les fusils montés à la française paraissent plus particulièrement réunir l'agréable à l'utile.

Le bois ou la monture d'un fusil est destiné à favoriser la mise en joue; pour cela on lui fait une crosse qui puisse facilement s'appliquer à l'épaule, et une poignée, plus ou moins inclinée à l'axe du canon, qui en favorise le maniement. C'est à l'arrangement respectif de ces deux choses que l'on donne le nom de couche.

La couche d'un fusil est l'inclinaison plus ou moins grande qui existe entre la crosse et l'axe du canon.

Un fusil est monté à l'*avantage*, quand la crosse et l'axe du canon pris dans le plan vertical forment un angle sensible; c'est-à-dire lorsque l'arme étant en joue, la crosse appuyée sur l'épaule, la direction du canon se rapproche plus de l'œil sans déranger la tête.

Ces deux inclinaisons combinées avec l'axe du canon, favorisent beaucoup la justesse du tir, en ce qu'elles sont établies pour simplifier et réunir en un seul les deux mouvements de la mise du fusil à l'épaule et de l'inclinaison de tête qu'on est obligé de faire pour viser ou établir la ligne de mire. Une couche inclinée a, d'ailleurs, l'avantage de diviser l'action du recul, de manière à le faire moins sentir à l'épaule. Sous ces deux points de vue, les fusils qui sont plus couchés paraissent donc préférables. On conçoit, en effet, que si on voulait tirer très vite avec un fusil monté droit, il serait bien difficile d'atteindre le but, par rapport à l'incertitude et à la rapidité du mouvement de tête plus grand qu'on est obligé de faire pour porter l'œil sur le canon.

De la poudre à canon.

La découverte de la poudre a dû suivre de près celle du salpêtre, qui eut lieu vers le neuvième siècle; mais la connaissance de ses effets pour lancer les projectiles, et son emploi à la guerre, ne datent guère que du quatorzième. Ce fut un moine allemand, nommé Schwartz, auquel on en a mal à propos attribué l'invention, qui le premier découvrit par hasard ses propriétés. Une étincelle tombée par hasard dans un mortier où il avait trituré du salpêtre, du charbon et du soufre, mit le feu à cette composition et lança à une très grande distance une pierre qu'il avait placée dessus. Cet événement donna sans doute l'idée de fabriquer des tubes ou canons, dans lesquels on mettrait un mélange semblable qu'on enflammerait pour projeter au loin les pierres ou autres corps solides qu'on y aurait introduits.

Quelques auteurs assurent que les Chinois avaient une connaissance bien antérieure à celle que nous indiquons de la poudre à canon et de son usage. Mais cette tradition, qui paraît difficile à établir, se perd comme tant d'autres, dans la nuit des temps. Au surplus, ce fait est de peu d'importance pour le sujet qui nous occupe.

La construction des armes à feu a fait, de son côté, d'aussi grands progrès. La forme des fusils est mieux raisonnée; les canons réunissent la solidité et la légèreté à la précision; la nature et la forme des mobiles qu'ils doivent recevoir et diriger sont plus en rapport avec le but qu'on se propose, et les batteries pour enflammer la charge de poudre ont aussi éprouvé des changements très remarquables et très intéressants.

La poudre est un composé qui varie de 75 à 78 parties de salpêtre, sur 109 de 12 1/2 à 14 de charbon, et de 12 1/2 à 8 de soufre.

On attribue généralement la propriété de la poudre à la grande quantité d'acide nitrique qu'elle renferme. En décomposant le salpêtre pour déterminer dans quelles proportions il s'y rencontrait, M. Bertholet a trouvé

48,62 parties d'acide nitrique
51,38 parties de potasse.   } sur 100.

et M. Gay-Lussac, en analysant l'acide nitrique, a trouvé qu'il se composait

de 69,488 parties d'oxygène
30,512 parties d'azote;

ce qui fait voir que l'oxygène, principe de toutes les combustions, est aussi un des principaux éléments de la poudre.

La vivacité et la force de la poudre dépendent donc du choix des matières et de leur combinaison, plus ou moins intime et proportionnée. On reconnaît la meilleure à la vue et au toucher, parce qu'elle est d'un noir tirant sur l'ardoise, luisante et peu friable; en la froissant sur la paume de la main, elle ne noircit pas la peau et résiste au frottement. Pour en déterminer plus exactement la force, il faut avoir recours aux éprouvettes, et celle qui jusqu'à présent paraît la mieux raisonnée, la mieux établie et la plus commode, est celle à peson de **M.** *Regnier,* mécanicien intelligent, qui rend encore tous les jours des services aux arts; elle est la plus connue et la plus en usage. Elle est composée d'un ressort à deux branches formant un angle de quarante-cinq degrés environ; l'arc de cercle, déterminé par ces branches, est fixé à l'une d'elles et peut traverser l'autre, sans éprouver de frottement, en passant par un trou qui y est pratiqué exprès; il est divisé en poids, depuis trois kilogrammes, qui est la première pression qu'exerce l'obturateur sur l'orifice du tube destiné à recevoir la charge de poudre, jusqu'à trente kilogrammes. Ce tube ou canon et sa lumière étant respectivement forés avec des mèches de mêmes dimensions, les effets de la charge de poudre qu'on observe sur l'arc gradué sont toujours à peu près les mêmes; et si quelquefois on éprouve des variations, elles ne peuvent guère provenir de la construction de l'éprouvette, dont je ne donnerai pas une description plus détaillée, parce qu'elle est assez répandue. Elle est sans doute la meilleure pour comparer dans des pays éloignés les différents degrés de force de la poudre et s'en rendre compte. Les bases sur lesquelles elle est établie sont fixes, et le transport et l'usage en sont faciles.

Depuis quelques années on s'est beaucoup occupé des moyens à employer pour augmenter la force de la poudre : on indiquait le mélange d'une petite quantité de chaux vive, ou une addition de muriate sur-oxygéné, de potasse, d'alcool, d'éther ou d'antimoine, comme devant atteindre ce but. Mais les nombreux essais qu'on a faits avec ces différentes matières n'ont produit aucun effet important. Il n'en est pas de même cependant de l'introduction d'un petit ballon de verre, rempli d'acide nitrique, dans le milieu de la charge de poudre, qui a donné une portée un peu plus grande.

Du plomb de chasse.

Le plomb de chasse à l'eau est préféré aux autres sortes de plomb par tous les chasseurs ; on l'obtient en faisant couler du plomb fondu sur un crible, d'où il tombe, d'une hauteur de soixante mètres au moins, dans des réservoirs pleins d'eau. On le classe ensuite par numéros depuis 0 jusqu'à 12. Les trois premiers numéros s'emploient pour tirer le chevreuil ; on tire le lièvre, la perdrix, la bécasse, etc., avec les numéros 4, 5 et 6. Les numéros 7 et 8 s'emploient exclusivement pour tirer la bécassine et la grive ; les quatre derniers numéros sont ce que l'on appelle de la *cendrée* avec laquelle on tire les rouge-gorges et toutes sortes de petits oiseaux.

On fabrique à Paris une sorte de plomb, dit *plomb italien* ou *plomb blanc*, qui n'a pas l'avantage de porter plus loin que le plomb ordinaire, comme on l'avait annoncé, mais seulement de moins noircir les mains, au moyen d'un apprêt particulier qui lui donne une couleur argentée fort agréable. Peu de chasseurs se servent de plomb moulé, qui, lorsqu'on tire de près, peut faire plus d'effet et de déchirement que le plomb à l'eau, à raison des protubérances angulaires et tranchantes qui lui restent lorsqu'on en coupe le jet, mais qui, par cette même raison, étant moins rond que le plomb à l'eau, porte moins ensemble et moins loin. Il ne s'en fait pas au-dessous du numéro 4.

Des bourres.

C'est à tort que certains chasseurs prétendent que la portée du coup de fusil est égale, quelles que soient la matière employée pour faire ces bourres ou tampons, et la manière dont on l'a pressée avec la baguette. C'est particulièrement la bourre qui se met sur la poudre qui a de l'influence sur la portée du coup ; la meilleure matière à employer pour faire les bourres est le papier brouillard. La bourre doit être à plein dans le canon ; mais il ne faut pas qu'elles y soit trop serrée.

Balles ramées.

Prenez un fil de laiton un peu gros, de la longueur de quatre à cinq pouces, et après l'avoir bien recuit, roulez-le en tire-bourre, de la hauteur de cinq à six lignes, sur un petit cylindre de fer, de la grosseur au moins d'une plume d'oie ; retirez le cylindre, détachez une extrémité du laiton de la spirale et la courbez un peu tout au bout ; introduisez le moule, et l'y maintenez en l'air d'une main, de façon qu'en coulant la balle, de l'autre, elle se trouve enveloppée par le plomb ; retirez la balle, et répétez la même opération pour l'autre extrémité du laiton, alors vous aurez deux balles fortement accouplées ensemble. Il ne s'agira plus que de rajuster et resserrer la spirale en tournant les balles avec les doigts.

On tire les bêtes fauves avec cette espèce de balles.

Charge du fusil.

La poudre ne doit être battue que très-légèrement ; il suffit d'appuyer deux ou trois fois la baguette sur le tampon ; et il ne faut pas, comme font certains chasseurs, la battre à plusieurs reprises, en lâchant la baguette, et la faisant renvoyer par le tampon.

En comprimant trop la poudre, partie des grains s'écrase, et l'explosion est moins prompte ; d'ailleurs la dragée en écarte davantage. Il est utile, en versant la poudre dans le canon, de la tenir le plus qu'on peut dans la ligne perpendiculaire, afin qu'elle tombe plus aisément au fond, et qu'elle n'y forme pas le sifflet. Il est bon même de frapper un peu de la crosse du fusil contre terre, afin de détacher les grains de poudre qui s'attachent en tombant aux parois du canon. On ne doit jamais battre le plomb qu'après avoir donné un coup de crosse en terre, comme pour la poudre, afin qu'il se tasse et s'arrange mieux. On pose seulement dessus le tampon, qui doit être moins fort que celui de la poudre. Bourrer trop le plomb fait écarter et repousser le fusil. Lorsqu'on a tiré, on doit recharger aussitôt, pendant que le canon est échauffé ; pour peu qu'on attende, il s'y forme une certaine huile qui retient une partie de la poudre, et l'empêche de tomber au fond. Quelques chasseurs amorcent avant que de charger. Cela n'est bon que lorsque la lumière est agrandie, et que le canon a peu d'épaisseur à la culasse ; attendu que si on ne commence pas par amorcer, le fusil s'amorce de lui-même, ce qui diminue d'autant la charge.

La charge d'un fusil ordinaire est d'un gros de poudre, et une once de plomb quand on se sert des numéros 4 à 12 ; mais si l'on emploie de grosse dragée, il faut augmenter la charge d'un quart, tant en poudre qu'en plomb.

Des différentes manières de tirer.

Chaque chasseur a sa manière de *mettre en joue*, et pose son fusil à sa convenance, suivant la force de sa vue et sa corpulence; cependant il y a des principes généraux basés sur la physique, et qu'on ne peut révoquer en doute; ainsi, sans avoir égard à tel chasseur qui veut que son armurier lui fasse une *couche courte*, celui-ci, *droite*, l'autre, *courbe*; voyons les meilleures méthodes qu'on doit suivre.

On est convenu, en général, que chez un homme d'une grande taille, dont les bras sont fort longs, la *couche* du fusil devra être plus longue que pour un homme d'une taille médiocre. Une couche droite convient à celui qui a les épaules hautes et le col court; par cette raison que si la couche est trop courbée, il sera difficile que la crosse, surtout dans le mouvement précipité qu'il fait pour tirer au vol, ou même en courant, vienne s'asseoir et s'emboîter en plein sur son épaule; elle n'y portera que de sa partie supérieure, ce qui non-seulement fera relever le bout du fusil, et par conséquent tirer haut, mais aussi rendra le recul plus sensible, que lorsqu'elle se porte en entier sur l'épaule et s'y emboîte comme il faut.

D'ailleurs, dans le premier cas, le tireur, en supposant qu'il ait la faculté de *bien épauler*, pourra difficilement découvrir le canon. Si c'est, au contraire, un tireur qui ait les épaules basses et le cou long, il faut que la couche du fusil ait beaucoup de courbure : si elle était droite, il éprouverait, en baissant la tête pour atteindre l'endroit de la crosse où sa joue doit poser, une gêne qui n'existera point lorsque, par l'effet de la courbure, la crosse s'y prête d'elle-même, et fait, en quelque sorte, la moitié du chemin.

On conseille donc toujours une *couche longue* plutôt qu'une couche *courte*, *courbe* plutôt que *droite ;* parce qu'une couche longue est plus ferme à l'épaule qu'une couche courte, surtout lorsqu'on a pris l'habitude de placer la main qui soutient le fusil tout près du dernier porte-baguette ; car c'est une fort mauvaise habitude que de la placer seulement un peu au-dessus du *pont et de la sous-garde,* ainsi que le pratiquent plusieurs tireurs.

A l'égard de la *courbure* de la couche, on la regarde en général comme plus avantageuse pour tirer juste, qu'une courbe trop droite qui, en découvrant tout le canon à l'œil, peut avoir l'inconvénient de faire tirer haut.

On conseillera donc au chasseur d'avoir un fusil qui relève imperceptiblement du bout, et dont le guidon soit fort petit et très ras. Quiconque connaît la chasse, sait qu'on ne manque jamais pour tirer trop haut, mais pour avoir tiré dessous ; il faut conséquemment qu'un fusil porte tant soit peu haut. Et d'un autre côté, plus le guidon est ras, plus la ligne de *mire* se trouve coïncider avec la ligne de *tir,* et par conséquent moins le coup doit baisser.

Le vrai moyen, pour ne pas manquer le gibier en travers, ou lorsqu'il barre, soit au vol, soit en courant, n'est pas seulement d'ajuster devant, mais encore de ne pas s'arrêter involontairement au moment où on lâche la détente, comme le font plusieurs tireurs inhabiles ; car pendant l'instant presque insensible où la main *s'arrête* pour donner le feu, l'oiseau qui ne s'arrête point, dépasse la ligne de *mire,* et le coup passe derrière.

Si c'est un lièvre ou lapin qu'on tire en courant, surtout en tirant d'un peu loin, il ne reçoit tout au plus que quelques dragées dans la croupe, et c'est un hasard si on l'arrête. Lorsque l'oiseau file en ligne droite, alors ce défaut ne peut nuire. Il est donc très-essentiel d'accoutumer sa main à suivre toujours le gibier sans s'arrêter. C'est un point capital pour bien tirer.

Il n'est pas moins essentiel de devancer le gibier lorsqu'on tire en travers, et toujours en proportion de la distance.

Si une perdrix, par exemple, traverse à la distance de trente ou trente-cinq pas, il suffit de la prendre en tête, ou tout au plus à quelques doigts devant. Il en est de même de la *caille,* de la *bécasse,* du *faisan,* du *canard sauvage,* quoique ces animaux aient l'œil moins vif que la perdrix; mais si l'on tire à cinquante, soixante, soixante-dix pas, il est nécessaire de devancer alors d'un demi-pied. On doit pareillement tirer en avant d'un lièvre, d'un renard, lorsqu'ils traversent, suivant l'éloignement où ils sont, et suivant leur allure, qui n'est pas toujours la même.

Il convient aussi, lorsqu'on tire à une grande distance, d'ajuster un peu au-dessus de la pièce de gibier, parce que la dragée, ainsi que la balle, n'a qu'une certaine portée de but en blanc, au-delà de laquelle elle commence à décrire une ligne parabolique.

Lorsqu'un lièvre file, le guidon doit toujours être pointé entre les deux oreilles.

Un chasseur ne doit jamais tirer plus de vingt à vingt-cinq coups sans laver son fusil; un fusil gras part moins bien, et porte moins loin que lorsqu'il est lavé. Il doit avoir soin de bien essuyer, à chaque coup, la pierre, le bassinet et la batterie, ce qui contribue beaucoup à le faire partir vivement; et surtout de renouveler fréquemment la pierre, sans attendre pour cela qu'elle ait manqué. On ne doit jamais tirer avec une amorce de la veille. Il peut arriver qu'elle prenne bien feu; mais le plus souvent l'humidité l'a gagnée, elle fuse, et l'on manque son coup, faute d'avoir amorcé de frais.

Manière de faire des cartouches pour les fusils à la Pauly.

Il faut avoir un emporte-pièce du même calibre que le fusil; le barillet de cet emporte-pièce renferme trois pièces : un ressort en spirale, une petite broche au centre, et un plateau mobile. En plaçant le tranchant de cet emporte-pièce, ainsi monté sur du carton, et en frappant dessus avec un maillet, on obtient le carton percé dans son centre, qui doit servir de base à la formation de la cartouche. Si on veut avoir des bourres, on ôte la vis qui retient la broche; on retire cette broche; et, en plaçant le tranchant de l'emporte-pièce sur du carton, du buffle et du feutre, et en frappant de nouveau dessus, on les obtient. Dans l'une et l'autre de ces opérations, le plateau cède à l'effort du choc, rentre dans l'intérieur du barillet, en faisant céder le ressort, et, lorsqu'on relève l'emporte-pièce, le ressort réagit sur le plateau qui chasse hors du barillet le morceau de carton qui a été coupé.

Pour conserver le tranchant de l'emporte-pièce, il convient de faire reposer le corps que l'on veut couper, sur une lame de plomb, ou sur du bois dont le grain soit homogène.

Les cartons ou bourres ainsi préparés, on prend un morceau de papier de la longueur qu'on veut donner à la cartouche ; on la roule sur le mandrin, de manière à ce qu'elle fasse environ un tour et demi ; on en colle les bords qui se superposent ; on place le carton percé à l'extrémité de la douille, on le recouvre avec les bords dentelés du papier, et plus encore avec un autre morceau de papier ordinaire, le tout enduit de colle, pour fermer hermétiquement la cartouche de ce côté ; on retire la douille de dessus le mandrin, et on la laisse sécher. Pendant ce temps, on en recommence d'autres, jusqu'à ce que la première soit assez sèche pour pouvoir y introduire la poudre, sans qu'elle puisse s'y détériorer par l'humidité de la colle.

La douille étant ainsi préparée et séchée, on la remplit de poudre et de plomb, dans des quantités proportionnelles au calibre du fusil, au gibier qu'on veut tirer, et à la distance à laquelle on veut atteindre. Il faut avoir soin de séparer la poudre du plomb par deux ou trois bourres, suivant l'épaisseur du carton, du feutre ou du buffle qu'on emploie ; on les fixe même ensemble avec de la colle dont on frotte les surfaces qui se superposent. Ces bourres ainsi liées forment un cylindre qui, à cause de sa hauteur, ne pouvant faire de conversion pendant son trajet dans le canon, empêche le fluide que la poudre produit de pénétrer dans la charge de plomb, et de lui faire perdre, par cette raison, une partie de son action. On sépare même cette charge de plomb en deux parties par une bourre, pour que si, malgré ces précautions, le fluide pénétrait dans la section la plus près de la poudre, il ne parvînt pas dans la seconde.

La cartouche étant close, on l'arme d'une rosette ou culasse mobile en cuivre, qu'on introduit du côté de la poudre, par le trou du carton percé ; les filets de la vis de la rosette mordent sur le carton et attachent assez fortement cette rosette à la cartouche.

Le bassinet se trouve au centre de cette rosette. Son diamètre est d'environ une ligne et demie, sur autant de profondeur. Une paillette d'acier est incrustée au fond et sert à supporter le choc du piston ; elle est percée dans son centre, d'un trou ou lumière, qui communique par l'axe de la vis, et en évasant à la charge de poudre. Pour amorcer la cartouche, on introduit le bout de l'amorçoir que l'on tient verticalement dans le bassinet de la rosette, on presse avec le pouce jusqu'à ce que le ressort soit arrivé sur le corps de l'amorçoir ; ôtant ensuite le pouce et retirant l'amorçoir du bassinet, on y trouve exactement la quantité de poudre nécessaire pour un coup. Pour la fixer, on comprime fortement cette amorce avec le piston, afin qu'elle ne puisse pas tomber par une secousse ordinaire. L'amorçoir s'ouvre à vis au point de jonction du manche en bois avec le cône en cuivre; c'est par-là qu'on y introduit la poudre sur-oxygénée.

Manière de charger et de tirer le fusil à la Pauly.

On tient le fusil horizontalement de la main gauche; le chien étant à l'arrêt, on passe le premier doigt de la main droite dans le trou de la queue de bascule; on presse le crochet à ressort qui arrête la bascule dans cette position; et, lorsqu'il est échappé, on la lève verticalement. L'âme du canon étant, par ce moyen, à découvert au tonnerre, on y introduit la cartouche qui s'y trouve arrêtée par la frésure circulaire pratiquée pour recevoir la rosette. En rabaissant la bascule pour la remettre à son premier état, elle serre la rosette en s'appuyant dessus, et place le bassinet vis-à-vis le piston qui doit percuter l'amorce qu'il renferme. La manœuvre de la platine se fait comme celle du fusil à pierre; mais le grand ressort ayant beaucoup plus de force, il est nécessaire de prendre plus de précaution, afin d'éviter les accidents qui pourraient arriver, en faisant passer le chien de l'un à l'autre temps; car, s'il échappait des doigts, le coup partirait très probablement.

On distingue trois temps dans la manœuvre de la platine; il est bon de les rappeler pour éviter à quelques chasseurs les erreurs qu'ils pourraient faire, en les confondant; ce qui deviendrait, d'ailleurs, plus désagréable et plus dangereux dans le fusil *Pauly*.

La platine est au *repos*, lorsque le chien est abattu, le grand ressort étant alors distendu.

Elle est à l'*arrêt*, lorsque le chien monté a placé le bec de gâchette dans le premier cran de la noix.

Elle est *armée* ou *bandée*, lorsque le chien, poussé plus en arrière, place le bec de la gâchette dans le second cran de la noix, et quand le grand ressort est dans son plus grand état de tension.

On appuie sur ces distinctions qui ne sont pas toujours connues de tous les chasseurs, par beaucoup desquels on voit très souvent confondre, dans leur langage, le temps d'*arrêt* avec celui de *repos*; méprise qui, dans ces armes surtout, pourrait, comme on vient de le dire, occasionner des accidents graves.

Ceci posé, la cartouche étant placée dans le canon, le chien doit toujours être à l'*arrêt* ou *armé*; car, si on le laissait aller au *repos*, le piston froisserait l'amorce et la ferait probablement tomber du bassinet. Quand on passe le chien de l'arrêt au bandé, et *vice versâ*, il faut avoir soin, par conséquent, de ne pas lâcher jusqu'à ce qu'il soit arrivé au *repos*.

Quand on veut tirer, on met en joue,

comme avec les autres fusils, et on donne le coup de doigt sur la détente. Le coup étant parti, on redescend son fusil, on remet le chien à l'arrêt, on lève la bascule ; on retire la rosette avec les doigts ou avec la fourchette qui entre dans la rainure circulaire qui y est pratiquée à cet effet, et en soufflant légèrement dans le canon, toute la fumée qu'il renfermait encore s'échappe. On manœuvre ainsi autant de fois que l'on veut tirer de coups, en introduisant chaque fois dans le tonnerre une autre cartouche préparée.

Voici ce qui se passe pour produire l'inflammation de la charge. La bascule étant baissée, ou, ce qui est la même chose, superposée sur le corps de la platine, la dent du piston s'engrène dans la concavité de la noix qui lui fait suivre tous ses mouvements. Lorsque la platine passe de l'état de repos au *bandé*, le bec de la noix ramène le piston dans ces divers temps ; et quand, du *bandé*, la noix passe librement au repos, en donnant le coup de doigt sur la détente, le point qui fait marteau frappe vivement le piston dont l'extrémité percute à son tour, la poudre sur-oxygénée placée dans le bassinet rosette. Cette poudre fortement frappée s'enflamme ; une aigrette de feu pénètre par la lumière, et traverse à l'instant la charge de poudre et la fait détonner. Cela s'opère si rapidement qu'on ne distingue pas deux bruits dans la détonation de l'amorce et de la charge de la poudre : avantage particulier à presque tous les fusils où l'on emploie la poudre sur-oxygénée.

L'action de la platine est donc entièrement consacrée à faire frapper avec force le piston sur l'amorce, au moyen de son grand ressort qui, étant lâché, fait tourner la noix sur son axe et lui fait faire marteau.

On doit faire observer qu'il existe à la noix un cran destiné à se loger dans l'entaille pratiquée sur le derrière du piston, au-dessus de la dent. Il a pour objet d'empêcher qu'on puisse ouvrir la bascule, lorsque le chien est au repos; car, dans cet état, que le fusil soit chargé ou non, le bout du piston est engagé dans le bassinet de la rosette ou dans le canon : de manière que si on voulait lever la bascule, on casserait nécessairement la rosette, ou le bout du piston, ou le canon au tonnerre. C'est pour éviter cet inconvénient qu'on indique toujours de mettre le chien à l'arrêt avant de vouloir ouvrir la bascule.

Le cuir que renferme la pyramide et au milieu duquel passe le piston, étant brûlé par lo nombre de coups qu'on a pu tirer, est facile à remplacer, en faisant glisser cette pyramide qui n'est fixée dans le corps de bascule qu'à queue d'aronde. On frappe pour cela, dans les fusils doubles, chacune de ces pyramides de dedans en dehors. Prenant ensuite du cuir de buffle ou autre, qu'on a laissé tremper deux ou trois jours dans l'huile, on en coupe un morceau qu'on en-

fonce avec un marteau dans le trou destiné
à le recevoir; on le perce au milieu avec un
poinçon ou un autre instrument, jusqu'à ce
que le piston qui doit le traverser puisse le
faire librement par un frottement doux. Les
pyramides étant replacées dans le corps de
bascule, les pistons marchent alors convena-
blement. On a soin, avant d'aller à la chasse,
de s'assurer de leur mobilité et d'entretenir l'onctuosité des cuirs en les humectant
d'huile. C'est à cette précaution que se borne
la plus grande partie des soins du chasseur,
qui doit aussi, toutes les fois qu'il a tiré, mettre le chien à l'arrêt et lever la bascule. La
fumée que le coup a produite, s'échappe aussitôt par le courant d'air qui s'établit et
qu'on facilite d'ailleurs au moyen d'un léger
souffle; autrement cette fumée s'attacherait
aux parois du canon, aux pistons, et péné-
trerait même dans l'intérieur de la bascule où
elle formerait une crasse épaisse qui en gêne-
rait la manœuvre.

Habillement du chasseur.

On conçoit qu'il doit y avoir quelque avantage pour le chasseur à bien choisir la couleur de ses vêtemens. Ainsi au printemps et
en été l'habit vert, casquette et guêtres de
même couleur sont les vêtemens les plus convenables; cette couleur se mariant à celle de
la végétation, l'aspect du chasseur effraiera

moins le gibier. Par la même raison, en automne, la couleur feuille-morte sera la plus propice, et en hiver, lorsque la terre est couverte de neige, c'est à la couleur blanche qu'il faut donner la préférence.

Quant aux armes autres que le fusil elles sont peu nombreuses et d'une bien faible utilité. Ainsi tout chasseur qui possédera, outre un bon fusil, un couteau de chasse bien affilé, aura toutes les armes nécessaires. Il arrive pourtant que pour la chasse au sanglier et au loup on adapte une petite baïonnette au bout du fusil, afin de pouvoir se défendre contre l'animal furieux que l'on n'aurait que blessé; mais il est rare que les chasseurs prennent ce surcroît de précaution.

CHAPITRE II.

DES CHEVAUX ET DES CHIENS DE CHASSE.

Chevaux de chasse.

Les chevaux les plus convenables pour la chasse sont ceux qui, peu chargés d'embonpoint, sont à la fois nerveux et agiles. Les chevaux anglais à courte queue sont reconnus, en général, excellents pour la chasse, en ce qu'ils sont évidés d'encolure; qu'ils ont la jambe nette et pliante, le sabot assez petit, le galop rapide et facile, les épaules souples et la bouche fine et sensible. Telles sont les qualités générales que doivent posséder les chevaux de chasse, qualités que possèdent également un grand nombre de chevaux d'Espagne, de Hollande et de France; il est même reconnu que ces derniers peuvent maintenant, sous ce rapport, soutenir la comparaison avec les chevaux anglais.

Nous avons dit que le cheval de chasse devait avoir la *bouche fine*, cependant jusqu'à un certain degré; car trop de sensibilité sur ce point ne conviendrait nullement au chasseur qui monterait un tel cheval; les saccades inévitables, que dans le tumulte d'une chasse on est obligé de donner, feraient cabrer l'animal , et exposeraient à maints dangers. Ainsi un cheval un peu froid vaudra beaucoup mieux qu'un cheval facile à s'emporter par trop d'ardeur. Il faut d'un autre côté qu'on l'ait bien accoutumé au feu, aux sonneries du cor, et qu'on puisse, sans aucun péril et sans qu'il bouge, lui tirer vingt coups de pistolet entre les deux oreilles : ce n'est qu'à force de faire partir inopinément des armes à feu sous ses yeux qu'on l'habitue à n'éprouver aucune espèce d'émotion.

Les chevaux propres à la chasse doivent être choisis peu hauts de taille, afin qu'on puisse les enjamber et en descendre avec plus de promptitude et de facilité. Dans la chasse du cerf, du loup, il est nécessaire d'avoir des chevaux de relais, car si vous n'aviez qu'un cheval, vous le crèveriez infailliblement dans les fatigues d'une telle chasse. Aussi les chevaux qui ont le plus d'haleine, comme les chevaux hongrois qui peuvent faire sept à huit lieues au petit galop sans suer, sans seulement mouiller leur couverture, sont-ils les meilleurs pour la chasse.

Gardez-vous de donner du foin à des chevaux destinés pour la chasse ; seulement de la paille hachée et de l'avoine : le foin les rend courts d'haleine. Lorsque la chasse est terminée, que vous les avez débridés, et que vous les avez laissé souffler et reposer pendant quelques minutes, vous leur faites alors une soupe composée de vin, de pain, d'un peu

de sel, et d'un ognon haché, et ensuite vous leur donnez leur avoine. L'usage en Allemagne est de laver à grande eau fraîche les pieds des chevaux, même quand ils sont en nage et couverts d'écume; mais il faut que les chevaux y soient accoutumés.

Il est des cas où les chevaux ont essuyé des fatigues extraordinaires pour avoir été trop forcés à la course : frottez-leur alors les jambes avec une composition faite de fiente de vache, d'une pinte de vinaigre et d'un quartron de sel; quand vous aurez bien fait bouillir le tout, vous en frottez à force de bras les jambes de votre cheval ; rien ne le délasse davantage, en rendant à ses membres leur souplesse et leur fraîcheur. Il est bon aussi de visiter le dessous de ses pieds, pour s'assurer s'il n'y aurait pas quelque pierre, quelque corps étranger incrusté dans le dessous du sabot : un autre soin encore est d'examiner le garrot, afin de voir si le poids de la selle n'aurait pas occasionné quelque enflure : en ce cas, frottez-le avec une mixtion d'eau-de-vie et de savon mousseux.

Chiens de chasse.

La grandeur de la taille, l'élégance de la forme, la force du corps, la liberté des mouvements, toutes les qualités extérieures ne sont pas ce qu'il y a de plus noble dans un être animé; et comme nous préférons dans l'homme l'esprit à la figure, le courage à la force, le sentiment à la beauté, nous jugeons aussi que les qualités intérieures sont ce qu'il y a de plus relevé dans l'animal ; c'est par elles qu'il diffère de l'automate, qu'il s'élève au-dessus du végétal, et s'approche de nous ; c'est le sentiment qui ennoblit son être, qui le régit, qui le vivifie, qui commande aux organes, rend les membres actifs, fait naître le désir, et donne à la matière le mouvement progressif, la volonté, la vie.

Le chien a, par excellence, toutes les qualités qui peuvent lui attirer les regards de l'homme.

L'Angleterrre et la France, l'Allemagne, etc., paraissent avoir produit le *chien courant*, le *braque*, le *basset*. Vient ensuite le *lévrier* pour la chasse à la course du lièvre. Le meilleur moyen de bien dresser des chiens de chasse est de les châtier et de les caresser à propos. La brutalité, l'injustice rebutent le chien. Il a le sentiment de ses devoirs, n'employez donc le fouet que le moins possible. N'ayez pas surtout la barbarie, comme certains chasseurs sans conscience, de tirer un lièvre sur le dos du chien, mettant à la loterie la vie du plus estimable des animaux. C'est une cruauté dont on ne saurait trop blâmer les auteurs. Quel excès de honte et de méchanceté de sacrifier ainsi dans un coup chanceux le compagnon fidèle de vos plaisirs et de vos travaux ! Venez-vous à tuer votre chien, ayant manqué le lièvre? quels regrets amers n'éprouvez-vous pas alors d'avoir été assez cruels pour massacrer votre meilleur ami! Le pauvre animal n'a nul instinct de vengeance; au contraire, venez-vous pour lui ôter son collier, il tourne ses yeux humides vers vous; sans ressentiment, il cherche votre main pour la lécher une dernière fois, et expire en vous regardant....

Une mauvaise méthode encore est de punir un chien trop fougueux en lui déchargeant un coup de cendrée dans le derrière; loin de le dresser à la chasse, vous le rebutez; de même que pour lui apprendre à rapporter la perdrix, sans la mâchouner, de lui en jeter une remplie de petites aiguilles, afin de le rendre plus circonspect: ce moyen ne vaut rien: instruisez l'animal à la voix, au geste, avec des menaces et des caresses, voilà les meilleurs procédés.

Pour parvenir à bien dresser un jeune chien, commencez-le dans le mois de juin ou de juillet. Faites-lui poursuivre des *louveteaux* pour l'aguerrir, accouplez-le avec un autre déjà un peu familier à la chasse, ou faites-le accompagner par un chien courant complétement instruit.

On divise les chiens de chasse en diverses espèces; savoir:

Les chiens courants ou lévriers; les mâtins et les dogues; les chiens couchants qui sont les braques, les épagneuls et les bassets.

Nous n'entrerons pas dans de grands détails sur le lévrier, qui est monté sur de hautes jambes, qui a peu d'odorat, et qui ne chasse le lièvre qu'à force de vitesse. Il est si rapide dans sa course qu'il franchit souvent le gibier, d'autant plus que le lièvre, pour lui échapper, fait maints crochets. On se sert de lévriers ordinaires pour cette chasse ; mais pour celle de la grosse bête, on en prend de grands et de très-vigoureux. Les *mâtins,* de diverses couleurs, sont propres aussi à poursuivre et à attaquer le sanglier, ainsi que le *dogue,* une des races les plus fortes parmi les chiens. Son nez est retroussé, sa tête grosse et ramassée, ses yeux à fleur de tête, et ses lèvres pendantes. Son poil est ras, sa poitrine large, et sa queue doit être coupée courte. On cite le *dogue* pour l'excellence de son odorat. Le *braque* généralement a le poil tout blanc : il y en a pourtant de noirs et de mouchetés, d'autres de couleur fauve ; son odorat est aussi trèsvanté. Quant à l'*épagneul,* il y en a de toute taille ; ce chien chasse de gueule, et force le lapin, quand il s'est réfugié dans les fourrées, dans les taillis ou charmilles épaisses ; son flair est si subtil, qu'il ne perd aucune émanation de l'animal poursuivi ; son intelligence est aussi prodigieuse ; et l'œil et le geste de son maître sont des livres où il lit de suite ses moindres devoirs.

Le *basset* se partage en deux races ; les

uns ont les quatre jambes bien droites, et
comme les autres chiens, mais ceux généralement estimés et vraiment reconnus *bassets*,
sont ceux qui ont les jambes arquées et
torses. Courageux, infatigables, ils n'aban-
donnent pas leur proie, telles fatigues qu'elle
leur coûte, courent sans cesse à peu près de
la même allure, furettent partout, pénètrent
dans les terriers des renards, des blaireaux :
on en connaît une espèce qui, ainsi que les
loups, ont double rang de dents. *L'épagneul*
est le chien de chasse favori pour la grande
finesse de son odorat et son instinct prodigieux. Le *limier* n'est pas moins nécessaire à
un chasseur pour entrer en chasse, pour
guetter et faire lever ou découvrir la pièce. Le
limier n'aboie point; c'est pourquoi on l'appelle *chien muet*.

Communément les trois races de chiens les
plus estimés en Europe sont les normands,
les français et les anglais. Les *chiens courants
français* doivent avoir les naseaux ouverts,
le tête légère et nerveuse, le corps peu
allongé, le museau pointu, l'œil vif, plein de
feu et d'ardeur, l'oreille grande et pendante,
le flanc bien évidé et décharné. Le *chien nor-
mand* doit avoir le corsage plus fort, les
oreilles moins pendantes; et enfin le *chien
anglais* a le museau plus allongé, les pieds
mieux tournés, le corps plus svelte et plus
élégant.

Manière d'élever les chiens courants.

Lorsqu'un chien de chasse est nouveau-né, vous le laissez avec sa mère pendant trois mois, et quand son lait et ses soins ne lui sont plus nécessaires, vous le gardez pendant près d'un an sans vous occuper encore de le dresser : donnez-lui pour sa nourriture du pain d'orge de préférence ; ne le laissez pas japer, courir dans la campagne ; et quand il est déjà un peu fait, accoutumez-le à vivre au chenil avec les autres chiens ; ensuite vous l'essayez avec un autre chien bien dressé, et son instinct lui fait concevoir de suite les premières leçons : vous le familiarisez en même temps au bruit du cor : le temps du rut du cerf passe pour très-favorable à l'éducation des jeunes chiens ; on les conduit d'abord dans une forêt où l'on fait lever un cerf qu'on exténue de fatigue au moyen des premiers relais ; après on manœuvre de manière à ce que les jeunes chiens puissent le continuer au moment où il va succomber. Les forces affaiblies du cerf font qu'il est facilement atteint et mis en pièces ; cette première victoire les encourage, les anime, et leur inspire le goût de courir à de nouveaux succès.

Chiens de plaine, autrement dits chiens d'arrêt.

Nous avons déjà dit, dans le commencement de ce chapitre, que la douceur, la patience, l'indulgence devaient régler l'éducation du chien de chasse : Delille le recommande en beaux vers, et tout homme bien né, tout homme humain sentira la justesse de ces recommandations, s'il ne veut pas rougir un jour à ses propres yeux de sa stupide barbarie, quand il maltraite, quand il va, dans sa folle fureur, jusqu'à faire couler le sang de l'animal qui est dans la nature son meilleur ami, et sans songer que le chien ne demande qu'à se dévouer au moindre de ses caprices ; mais il est réservé à l'homme, si fier de sa prétendue raison, d'être souvent au-dessous de la brute par l'excès honteux et déréglé de ses cruelles passions. Cependant le chasseur qui se respecte, qui a la conscience de sa supériorité, n'en abuse jamais ; il punit, il corrige avec raison, mais caresse au moins autant son chien ; il n'a pas la lâcheté atroce de faire périr sous le plomb ou le fouet l'agent le plus actif, le ministre le plus zélé de ses plaisirs. — Revenons au *chien de la plaine.* Il faut qu'il soit plus haut du devant que des hanches, rapide et léger au départ ; de plus, qu'il ait le poitrail étroit, le cou court, le nez gros et ouvert, et le pied de lièvre, ce qui revient à un pied maigre, étroit, sec et nerveux. Cette espèce de chien quête légèrement.

Manière d'apprendre aux chiens à rapporter.

Vous prenez un morceau de bois carré, qui aura des crans comme une scie, et à chaque bout deux trous percés en travers, pour y passer quatre petites chevilles en croix; ce qui figure un petit moulinet; ces quatre chevilles font que ce bâton se soutient à quelque élévation de terre. Vous le jetez à plusieurs reprises au chien, en lui disant : *apporte et donne.* Si le chien n'entend pas, vous lui frottez les dents avec les crans de ce bâton, qui font l'effet d'une scie, et vous l'obligez à le tenir dans sa gueule, en lui criant *tout beau !* Ce manége répété pendant quelques jours, il conçoit bientôt que vous voulez qu'il vous apporte ce bâton. Cependant il est des chiens moins dociles, plus opiniâtres, avec lesquels il faut se servir du *collier de force.* Nous en parlerons tout à l'heure.

Quand le chien est déjà bien dressé à apporter ce moulinet, vous lui faites rapporter un lapin, une perdrix, vidés, mais remplis de sable ou de pierres, en lui défendant de les mordiller; insensiblement il s'habitue à rapporter les pièces sans les fourrager avec ses dents. On conçoit cependant que cette instruction préparatoire n'a pas suffi ; aussi, le chien est-il en plaine, qu'aussitôt il se met à courir à tort et à travers sur les volailles, les pigeons, les alouettes et les perdrix : si, au moyen de la voix et du regard, vous parvenez à le contenir, n'employez pas le collier de force ; mais s'il est toujours vagabond dans sa course, ce moyen est de toute nécessité.

Du collier de force.

Ce collier est garni de trois rangées de petits clous, dont les pointes sortent de quelques lignes ; un cuir épais est cousu sur les pointes de ces petits clous, afin qu'ils ne s'enfoncent pas, quand on vient à pousser dessus. A chaque extrémité du collier est un anneau auquel est passé une longue corde : s'entend bien que lorsqu'on attache ce collier au chien, c'est en dedans que se trouvent les pointes. Tout le reste de ce procédé maintenant s'explique de lui-même. Le chien s'élance-t-il sur une alouette ? Aussitôt, au moyen de la longue corde, vous le moriginez et l'arrêtez ; car il sent par les piqûres, qu'il doit se contenir ; et quand il devient insensiblement plus docile, vous le caressez, vous lui donnez quelque chose à manger : en voilà assez pour lui faire comprendre vos intentions. Un autre procédé, très-connu, est de placer encore un petit morceau de pain sur le bout du nez du chien, et de lui dire d'un ton sévère : *tout beau!* Vous contenez l'animal par le cou ; puis, le làchant, vous criez : *pille!*

Ce jeu renouvelé pendant peu de temps, le chien apprend bientôt ce que vous désirez. Ces diverses moyens tendent tous à faire garder au chien son arrèt. Ayez soin, à cet égard, dans les premiers temps de son éducation, de ne tirer la perdrix qu'à terre, et non au vol ; autrement, vous le dérouteriez dans toutes ses instructions ; plus tard, vous vous procurerez ce plaisir, quand votre chien sera entièrement dressé. Son *arrèt* une fois fait pour la perdrix, il est bon au lièvre.

Marques auxquelles on connaît en général l'âge des chiens.

La blancheur de ses dents est un signe que le chien est jeune, ainsi qu'il est vieux quand elles deviennent jaunes. Le jeune chien a aux dents une marque qui a à peu près la forme d'une fleur de lis ; à deux ans, cette marque disparaît sur les incisives, et à trois ans aux moyennes dents. Ensuite, plus trad, on pourra juger de la vieillesse de l'animal par la force et la longueur de ses crocs.

L'usage est de couper la queue aux jeunes chiens, à l'exception toutefois des lévriers : il en résulte deux grands avantages ; le chien devient plus vigoureux, n'est plus embarrassé.

dans sa course, quand il traverse des charmilles, des taillis épais; sa queue ensuite
plus courte se raidit et se tient droite; elle
devient en quelque sorte le signe indicateur
de toutes les passions de l'animal, et le chasseur y trouve des avis, des indications très-
précieuses pour se conduire dans la découverte soudaine de quelque pièce de gibier.

Moyens d'habituer un chien à aller à l'eau.

C'est dans l'été qu'il faut habituer un jeune
chien à aller à l'eau; pendant l'hiver il n'irait
qu'avec répugnance, et loin de l'habituer à
cet exercice, on courrait risque de l'en dégoûter; il en serait de même si, lorsque le
chien hésite pour mettre à l'eau, on l'y jetait.
Choisissez donc une mare dont le bord soit
en pente douce, et jetez y un morceau de
bois, d'abord à peu de distance, afin que le
chien puisse l'atteindre en se mouillant seulement les pattes; ensuite vous le jetterez un
peu plus loin; et progressivement jusqu'à ce
que le chien aille le prendre à la nage, ayant
soin, à chaque fois qu'il le rapporte, de lui
donner quelque friandise. S'il ne se déter-
mine pas à se mettre à la nage, il faudra s'y
prendre autrement. Conduisez-le à la mare
avant qu'il ait déjeuné, et jetez-lui des morceaux de pain dans l'eau, toujours plus
avant, par gradation; et de cette manière
vous l'accoutumerez à aller chercher son dé-

jeuuer à la uage. Ensuite, pour achever de le dresser, si vous avez une pièce d'eau, où il y ait de la profondeur, mettez-y un canard, après lui avoir coupé le fouet de l'aile; animez le chien jusqu'à ce qu'il soit entré dans l'eau pour le suivre. Le canard fuit devant lui, et plonge pour se dérober à sa poursuite lorsqu'il se voit pressé.

Après que ce manége aura duré quelque temps, finissez par tuer le canard d'un coup de fusil; le chien ne manquera pas de vous l'apporter.

Saisons de la chasse en général.

Le chasseur doit savoir quelles sont les *saisons* favorables à certaines chasses.

Pendant le printemps, les animaux se cachent pour travailler au grand ouvrage de la génération : on trouve cependant, le matin, des ramiers et des tourterelles; et le soir, des lièvres et des lapins. C'est aussi dans cette *saison* qu'on va à la chasse du chevreuil et des bêtes fauves qui commencent à brouter le bourgeon; c'est dans les taillis qu'il faut les aller surprendre. Pendant l'été, on chasse les bêtes fauves, mais peu commodément; on ne réussit guère dans cette *saison* que dans la chasse des cailles. L'automne est le temps le plus favorable pour la chasse, soit sur la terre, soit dans les airs : les animaux ont alors tout l'embonpoint que la nature peut leur donner.

Presque tout les oiseaux deviennent dans l'automne la proie des chasseurs : on trouve alors le ramier et la tourterelle dans les grains coupés ; on tire les perdreaux dans les chaumes, et les oiseaux aquatiques sur le bord des rivières ; les grues, les oies sauvages, les poules d'eau, les bécassines et les outardes ne peuvent échapper à notre poursuite : on va aussi avec succès à la chasse des bêtes noires et à celle des bêtes fauves. Les chasseurs trouvent dans l'hiver non-seulement le gibier ordinaire, mais encore les oiseaux de passage, qui viennent du nord se réfugier dans les marais et le long des rivières.

Quand la gelée est forte, on fait un grand abattis d'oiseaux marécageux. Dans les pays abondants en poiriers, on trouve beaucoup de bisets et de ramiers ; vers le dégel, on chasse aux pluviers et aux sarcelles, quelquefois on poursuit sur la neige les perdrix.

CHAPITRE III.

PIÉGES, FILETS ET ENGINS PROPRES A CHASSER TOUTES SORTES DE GIBIER.

La nomenclature des piéges, filets, etc., employés par les chasseurs, étant fort longue, nous avons adopté l'ordre alphabétique, afin de rendre plus faciles les recherches du lecteur.

Abreuvoirs.

Par le mot *abreuvoirs*, il ne faut pas entendre ici que certains endroits où il y a de l'eau, et où les oiseaux viennent pour se désaltérer ou pour se baigner. Ces endroits sont d'autant plus avantageux, qu'ils sont tranquilles, éloignés des passages, et peu fréquentés des bestiaux.

Si cet abreuvoir est formé par une fontaine qui prend sa source aux bois, on doit en tendre tout le courant, ou bien le couvrir de branchages, après en avoir rétréci et creusé le lit, en se réservant seulement les meilleurs endroits qu'on se propose de tendre. Mais quand c'est un endroit plein d'une eau stagnante, il ne faut rien couvrir, ou l'environner de piéges, de quelque espèce qu'ils soient. On prend, aux abreuvoirs, des oiseaux *à la glu,* aux *raquettes* ou *sauterelles* aux *rejets,* aux *collets*, etc. Les gluaux qui servent pour la pipée servent aussi pour l'abreuvoir.

Pour disposer son abreuvoir de manière qu'on laisse échapper peu des oiseaux qui viendront s'y désaltérer, il faut, s'il est environné de bois de fort près, pratiquer quelques avenues, larges de trois pieds, autour de l'abreuvoir, se ménager des perches pour faire des pliants dont les plus hauts n'aient pas plus de cinq pieds, et garnir de fort près tout le tour de l'eau avec des vergettes ou volants, noms qu'on donne à des bâtons gros comme le pouce, droits, entaillés de façon à y pouvoir planter quatre ou cinq gluaux, et pointus à la grosse extrémité, pour qu'on les fiche en terre obliquement et en tous sens. C'est sur ces vergettes qu'on prend les petits oiseaux, tandis qu'on prend les gros sur les pliants. On construit une loge d'où l'on puisse apercevoir toute sa tendue. Quoiqu'on ait bien disposé ses pliants, ses vergettes, on ne laisserait pas de voir échapper beaucoup d'oiseaux, si l'on ne prenait la précaution de garnir les bords de l'eau de gluaux, que l'on plante en terre, de manière que les oiseaux qui ont évité les pliants et les vergettes viennent donner dans les garnitures.

Allier.

L'allier est un filet de grande dimension, composés de trois rets placés à la suite l'un

de l'autre; les rets de chaque extrémité se
nomment aumées, celui du milieu se nomme
nappe. Le fil dont on veut se servir pour faire
un allier doit être choisi en raison de la grosseur du gibier que l'on veut chasser. Les
deux rets appelés aumées sont à mailles car-
rées, et la nappe est à mailles en losanges.
Dans tous les cas la nappe doit avoir trois
fois la hauteur des aumées, et être deux fois
et demie aussi longue. La largeur des mailles doit également être proportionnée au gibier que l'on veut chasser, et le diamètre des
mailles des aumées doit être d'un diamètre
double de celui des mailles de la nappe.
Le diamètre des mailles des aumées est ordinairement de dix pouces pour les canards, de
quatre pour les perdrix, et de trois pour les
cailles.

Ces indications, nous le sentons, ne sont
certainement pas suffisantes; mais il serait
inutile d'entrer ici dans de plus longs détails,
la pratique étant indispensable pour apprendre à faire ces sortes de filets.

Appeaux.

Il y a des personnes qui ont le talent de
contrefaire le chant de quelques oiseaux, et
qui les appellent par ce moyen. Mais, comme
c'est un talent assez rare, on y supplée par des
machines qui parviennent aux mêmes résul-
tats. Comme il vaut infiniment mieux acheter

les appeaux dont on a besoin, nous ne les décrirons pas. Nous parlerons seulement de l'appeau ou *pipeau* qui sert à la pipée, parce qu'on le fait soi-même, et qu'il procure d'abondantes chasses. Il suffit de prendre une feuille de chiendent, d'une espèce mince, couverte d'un duvet presque insensible à la vue. Quand c'est une espèce trop velue, qui se trouve à portée, on en cueille une demi-douzaine de feuilles ; trois heures au moins avant de s'en servir, on les met pendant quelque temps entre trois ou quatre doubles de papier gris imbibé de vinaigre et d'eau : ce qui les rend souples et amorties. Leurs poils ne deviennent plus un obstacle au contact de l'air ; on ne les tire de la boîte qu'au moment de piper.

Le doigt index et le pouce de chaque main, doivent tenir l'herbe entre les lèvres. Il ne faut pas qu'elles soient entièrement jointes à la feuille, ni que l'herbe touche les dents. La langue, en se baissant et se voûtant par intervalle contre le palais, augmente et diminue par mesure la capacité de la bouche ; et l'air qui doit frapper la feuille en reçoit des modifications qui imitent les cris lents et plaintifs de la chouette. Quant aux tremblements que le pipeur fait de moments à autres, ils sont monotones, et viennent du gosier seulement. Cet appeau est d'autant plus funeste aux oiseaux, qu'il imite mieux les cris de la chouette, leur ennemie ; ils la croient dans l'embarras, et accourent pour achever de la faire périr. Mais comme cette manière de piper est difficile, et demande beaucoup d'usage, on a recours à d'autres pipeaux, dont le principal est un petit morceau de bois entaillé, et uni dans son entaille, laquelle sert de base à une languette faite d'un petit ruban de soie, que l'on recouvre par une petite pièce de bois, de façon qu'il reste un intervalle où l'on aurait peine à passer la pointe d'un couteau. C'est par cet intervalle que l'on souffle, suivant qu'il est nécessaire. Au lieu de ruban pour languette, on peut mettre une feuille de chiendent, qui revient au même.

Araigne.

L'araigne ou araignée est un filet qui doit être fait en soie, attendu qu'il doit être d'une extrême finesse; les mailles sont en losanges et ont un pouce de diamètre. La hauteur varie de sept à dix pieds, selon la hauteur de l'arbre ou des haies près desquels on le dresse. Ce filet se passe dans des bouclettes, ou bien on passe une ficelle bien lisse dans les mailles du dernier rang.

On se sert ordinairement de l'araigne pour prendre des merles. On l'emploie aussi pour prendre des oiseaux de proie; alors le filet doit être plus fort, et il faut placer tout près un oiseau de proie privé pour appeler ceux que l'on veut prendre.

Arbret ou Arbrot.

C'est au moyen de l'arbret que l'on prend ordinairement à la glu les chardonnerets, tarins, linottes, bouvreuils, etc.

L'arbret est une branche rameuse d'environ six pieds de hauteur. On en aiguise le gros bout qu'on fiche en terre; les petites branches en sont soustraites ou éloignées, de façon cependant qu'il en reste assez pour servir de tenons aux *dés :* les dés, ce sont des bouts de sureau, longs de cinq ou six lignes, dont on n'ôte point la moelle; on fait entrer le tenon de la branche dans la moelle du dé, par un bout, l'autre est réservé pour ficher un des gluaux : il faut disposer le dé et le gluau si légèrement, que l'oiseau, à peine posé, tombe avec le gluau auquel il se trouve pris. A défaut de dés, on peut poser les gluaux en faisant des entaillures; mais les dés sont préférables.

On place à huit ou dix pas de l'arbret, une ou plusieurs *moquettes :* on se souvient que la moquette est une oiseau attaché par les pattes à une paumille ou fil d'archal, disposé sur un morceau de bois, de façon que, lorsqu'on tire le long fil qui y correspond, on fait jouer la moquette. On ne la fait jouer que lorsque les oiseaux voltigent autour de l'arbret sans s'abattre dessus; la vue de la moquette leur donne une confiance qui leur devient funeste.

5.

Les gluaux qui servent à tendre l'arbret diffèrent beaucoup de ceux qui servent à la pipée; ils ne doivent pas avoir plus de six ou sept pouces, ni être si minces, car les oiseaux s'y prennent différemment. Il serait à désirer qu'à la pipée les gluaux fussent invisibles, au lieu qu'à la tendue de l'arbret, il faut qu'ils semblent assez forts pour que les oiseaux s'y posent sans crainte. Il faut observer de garnir beaucoup plus les saussaies pour l'arbret que pour la pipée; car les gluaux de la pipée s'attachent tout de suite à la plume, et les oiseaux posent rarement leurs pattes dessus; au lieu que ceux-ci ne s'attachent aux plumes qu'après que les oiseaux ne peuvent en débarrasser leurs pattes.

Brai.

Le brai est un piége fort simple, avec lequel on prend des oiseaux de toute espèce : il se compose de deux pièces de bois traversées par des ficelles dont les extrémités sont réunies, et attachées à une seule corde assez longue pour que le chasseur puisse en tenir le bout à une distance convenable. Lorsque les oiseaux viennent se poser dans l'espace ménagé entre les pièces de bois, le chasseur tire la corde, les pièces de bois se réunissent, et les oiseaux sont pris par les pattes.

Bricolle.

On nomme ainsi une sorte de filet en forme de bourse, destiné à prendre les grandes bêtes ; on le fait ordinairement en petite corde bien solide ; mais il est plus sûr de le faire en fil d'archal.

Buisson englué.

Après avoir coupé des branches d'arbres, on les pique en terre dans un endroit que l'on a choisi d'avance, et où il ne se trouve ni arbres, ni baies. On entrelace les cimes de ces branches, qui doivent avoir au moins cinq pieds de haut, et après leur avoir donné la forme d'un buisson, on les couvre de gluaux de huit à dix pouces de long. Ces gluaux doivent être disposés de manière qu'il soit impossible aux oiseaux de se poser sur les buissons sans engluer aussitôt leur plumage. Il est bon de placer par terre, autour du buisson des oiseaux privés que l'on attache à un piquet avec un fil, de manière à ce qu'ils puissent voltiger. Ce procédé rendra la chasse plus abondante.

Collet.

Une baguette pliée, au moyen de deux crans qu'on y fait, est liée à ses deux extrémités par un fil qui sert d'attache à plusieurs collets : tel est ce piége. Il doit y avoir, depuis le bas des collets jusqu'à la baguette qui forme une espèce d'arc, deux travers de doigt d'intervalle. On amorce ce piége suivant l'occasion; et on l'attache à quelque branche d'arbre.

On tâche de trouver quelques buissons isolés et en face des sentiers, pour placer avantageusement ces *porte-collets*, qu'on nomme *volants*. Les oiseaux en se promenant, aperçoivent les fruits qui servent d'amorce, et il arrive qu'invités, tant par le plaisir de se percher commodément que par l'espérance de satisfaire leur appétit, ils donnent dans le piége comme à l'envi; et une grive pendue à un volant n'empêche point qu'une autre n'aille subir le même sort à côté d'elle, surtout si, en se débattant, celle-ci n'a rien dérangé aux collets voisins du sien.

Cette chasse est fort récréative sur la fin de l'automne, saison où les grives quittent à regret les vignes vendangées et grapillent avec soin; elles donnent bientôt dans ces piéges, si on les amorce de raisins; comme elles font pendant la maturité des mérises, prunes, groseilles, si on amorce les piéges de ces fruits.

Les collets sont, comme l'on voit sur la figure, faits d'un simple nœud coulant. On prend du crin extrêmement uni, et on forme le collet d'un, deux, trois, ou quatre brins, suivant les oiseaux que l'on veut prendre.

On met des collets dans les passages des

perdrix, à terre, pour attraper ces oiseaux. Au surplus, on les pose de plusieurs autres manières, suivant les oiseaux auxquels on les destine ; c'est l'affaire des circonstances et de l'intelligence du chasseur.

Cornets englués.

Après avoir fait des cornets avec du papier assez fort, on met un peu de viande dans le fond ; ou frotte l'entrée de ces cornets avec de la glu ; on les pique sur des tas de fumier, sur les arbres où l'on voit que les corbeaux se perchent, et dans les terres nouvellement labourées. L'oiseau venant pour manger ce qui est dans les cornets, s'attache le cornet autour de la tête et du cou ; il s'élève fort haut, et retombe à peu près au même endroit, en sorte qu'on peut le prendre avec la main, ou l'assommer avec un bâton. Ceux qui entendent un peu cette chasse, en prennent beaucoup, surtout lorsque la terre est couverte de neige.

Courcaillet.

Le courcaillet est une espèce d'*appeau* (voir ce mot) qui imite le cri des cailles ; il se compose d'un petit sac de peau aux trois quarts rempli de crin, auquel est adopté un petit sifflet en ivoire ou en os. En frappant doucement avec le doigt sur ce petit sac, le sifflet résonne et produit un son qui ressemble parfaitement au cri de la caille.

Filets.

Filet est le nom générique d'une foule d'engins à mailles en fil, corde, soie, fil d'archal; tels que tels, poches, pochettes, cordelières, tirasses, traîneaux, etc.

Frouer.

Frouer, c'est exciter, en soufflant sur une machine quelconque, un bruit qui imite ou le cri de quelque oiseau ou son vol, ou le cri de la chouette, etc.

De tous les appeaux à frouer, il n'y en a pas de plus utile que la feuille de lierre. On la tourne de façon qu'elle représente assez bien un cône renversé; on la tient avec les trois premiers doigts d'une main, observant que la pointe de ce cône remplisse l'intervalle que laissent les extrémités des trois doigts unis entre eux. Quoiqu'il ne soit pas si difficile de frouer que de piper, encore faut-il de l'expérience pour y réussir : on ne peut pas se flatter de bien frouer, si l'on n'imite les différents cris des geais, des merles, drennes, etc. Que se propose-t-on en frouant? C'est de peindre la crainte des oiseaux, l'envie de se venger; il faut donc crier l'alarme, en un mot, demander du secours comme dans un moment pressant. « Pipeurs, dit l'auteur de l'*Aviceptologie,* rappelez-vous quels sont les cris des geais, quand, après avoir ouï la chouette, ils entendent un oiseaux que vous faites crier. Vous les avez vus mille fois sauter, comme par folie, de branches en branches, des arbres à terre, fondre sur la cabane, et marquer une valeur héroïque dans leurs yeux pleins de feu. Leurs cris, dans ce moment, sont bien différents de ceux qu'ils jettent quand ils s'appellent mutuellement. Ce sont tous ces exemples qu'il faut suivre ponctuellement, afin de saisir les occasions de les mettre à profit.»

La préparation du lierre s'opère en faisant un trou dans le milieu, avec le carelet ou avec des ciseaux. Puisque tout dépend de bien *frouer,* on ne doit rien négliger de tout ce qui peut y concourir; c'est pourquoi, si l'on ne se munit pas, avant de commencer sa pipée, d'une douzaine de feuilles de lierre toutes percées, et d'autant de feuilles de chiendent, on s'expose à la manquer.

Glu.

On reconnaît la bonne glu principalement à sa couleur d'un jaune-vert, et à sa saveur aigre; elle doit être très-visqueuse et tenace.

La glu est d'une préparation facile : on fait bouillir de l'écorce de houx dans de l'eau, jusqu'à ce que cette écorce soit molle; alors on la retire de l'eau pour la mettre dans un trou creusé en terre, et on la couvre avec des pierres; elle ne tarde pas à fermenter. On la laisse ainsi pendant dix-huit ou vingt jours, puis on la pile dans un mortier jusqu'à ce qu'elle forme une espèce de pâte. On met cette pâte dans un vase où elle fermente de nouveau, et on enlève le dessus qui se compose des résidus qui se séparent d'eux-mêmes de la glu. Quand on se sert de la glu, il faut se graisser les mains avec un peu d'huile. Lorsque la glu devient trop fluide, ce qui arrive fréquemment pendant l'été, on y ajoute un peu d'huile de térébenthine, et en hiver on y mêle un peu d'huile d'olive pour l'empêcher de geler.

Gluaux.

Quand on a cueilli une quantité suffisante de branches de saule, on les met dans un endroit chaud, ou même au soleil, l'espace de deux heures; on en ôte les feuilles, on les égalise par leurs cimes, et on les coupe à la longueur de quinze ou seize pouces ordinairement. On en aiguise ensuite les grosses extrémités en manière de coin. On parvient à les endurcir en les mettant sur de la braise allumée, ou seulement dans des cendres fort chaudes. Si l'on ne prenait ces précautions, ces extrémités taillées en coin et molles de leur naturel, seraient bientôt émoussées et hors d'état d'entrer dans les entaillures faites aux branches à ce sujet.

Pour engluer ces petites branches, on commence par se laver les doigts d'huile, afin

que la glu ne s'y attache pas; on en prend
ensuite, avec deux doigts de la main gauche,
un morceau de la grosseur d'une noix, dont
on entortille les branches que l'on tient de
la main droite. Quand elles sont toutes en-
gluées, on les bat de telle façon, en les en-
tortillant, qu'il n'y ait pas le moindre intervalle sans glu, excepté à quatre doigts près
du gros bout, qui doit être tenu le plus proprement possible, afin de pouvoir les tendre
et les détendre commodément, sans s'engluer les doigts. Les branches ainsi prépa-
rées, doivent être renfermées dans un carton
ou pièce de cuir huilé.

Avec ce bagage on peut partir à la pipée.
Les endroits élevés, trop fréquentés, près
des chemins, et environnés d'échos, ne doivent jamais être choisis par le chasseur intelligent. Les deux motifs les plus engageants
pour un pipeur sont la tranquillité des lieux
et l'abondance des oiseaux qui les habitent.
La proximité d'un abreuvoir, des vignes, en
temps de vendange, d'un jeune taillis, etc.,
ne peuvent être que très-avantageux.

Il est de la plus grande importance d'avoir
un arbre bien disposé et artistement préparé.
C'est à la sagacité du pipeur de s'en choisir
un qui soit isolé au moins à quatre-vingts pas
des autres, qui ne surpasse guère que de
moitié la hauteur du taillis, et qui soit dé-
garni de branches surtout à la cime. Une
douzaine de branches sagement ménagées

suffisent pour tendre l'arbre d'une pipée. On ne
doit éviter qu'elles soient perpendiculaire-
ment au-dessus les unes des autres, et
qu'elles soient trop grosses. A la cime, on
doit étêter deux branches, sur lesquelles
on prend les corbeaux, les pies, les chouettes, etc.; on doit éviter avec soin de dégar-
nir de ses branches le haut de l'arbre, parce
que les oiseaux voyant de loin les gluaux,
les éviteraient, en se posant sur les extrémités des branches. C'est aussi une sage précaution d'étêter une ou deux branches à la
portée d'être tendues jusqu'à leurs extrémités : c'est là qu'on prend les drennes et les
chouettes dans les temps obscurs.

Hausse-pied.

On appelle hausse-pied une espèce de piége
qu'on tend aux loups; il se compose d'un
fort baliveau dont on courbre la cime jusqu'à
terre ou elle est retenue par une corde à
nœuds coulant, laquelle corde tient à deux
traverses de manière qu'en touchant à l'une
de ces traverses, la corde s'en détache et
l'arbre se relève. Ce piége se dresse dans les
coulées où l'on a remarqué des traces de
loup, et lorsqu'il est dressé on le cache avec
de l'herbe ou de petites branches d'arbre.
Le loup en passant touche aux traverses; la
corde s'en détache, le nœud coulant se ferme
et serre le pied du loup; en même temps le

baliveau se redresse, et le loup se trouve pendu par le pied.

Hutte ambulante.

La hutte ambulante est formée avec des branches d'arbres, de manière à ce qu'on la puisse porter où l'on veut. Elle doit être de six pieds et demi de hauteur; on y laisse un jour par lequel on puisse découvrir son gibier, et le tuer commodément. Il faut arranger les branchages de manière que la hutte représente, autant que possible, un buisson, évitant cette rondeur qui deviendrait suspecte au gibier. Lorsqu'on veut approcher de quelques oiseaux, il faut marcher si doucement qu'ils n'aperçoivent pas le buisson remuer; car ils prendraient la fuite et tromperaient l'espoir du chasseur.

Loge pour le pipeur.

Il faut une loge pour cacher le pipeur; on la fait assez communément au pied de l'arbre ou à côté, mais toujours au centre de la pipée. Elle doit être construite de feuillages, et de la forme d'un buisson: on y laisse deux entrées, qu'on ferme avec deux portes de branches vertes entrelacées. Quelques petites ouvertures ménagées avec soin, suffisent pour observer tout ce qui se passe au dehors. L'intérieur doit être propre et uni, pour qu'on puisse s'y asseoir commodément. On évitera d'avoir un vêtement blanc, et qui pourrait être aperçu facilement des oiseaux. Pour monter sans peine à l'arbre, on forme une échelle avec un petit arbre, dont on coupe les branches à la hauteur de cinq à six pouces du tronc ; ou mieux, on prend une corde garnie de nœuds, et à l'aide de quelque chose de pesant, on jette sur la première branche dont on retire ensuite un bout que l'on noue avec l'autre : cette sorte d'échelle est fort commode.

On fait en sorte que l'arbre se trouve dans une croix formée par la rencontre d'une avenue circulaire avec une transverse, et qu'on le découvre sans peine depuis la loge.

On doit entendre par le mot *avenue*, des routes circulaires et transverses, qu'on fait dans la pipée pour y placer des pliants ou petites perches, dont nous allons parler. La première qui environne la loge doit être la plus large ; elle a six à sept pieds. La seconde qui, un peu plus loin, environne la première, n'en a que trois ; la troisième quatre. On fait de ces avenues circulaires jusqu'à cinq.

Mésangette.

On appelle mésangette le trébuchet destiné à prendre des mésanges. Ce trébuchet se compose d'une cage dont le dessus s'ouvre au moyen de charnières à ressort. On enfonce dans une moitié de noix un petit bâton arrondi, puis on ouvre la cage et on la maintient dans cette position à l'aide du petit bâton qui s'appuie d'un bout sur une espèce de juchoir. L'oiseau entrant dans la cage, il suffit qu'il touche légèrement à la noix ou au bâtonnet pour le faire tomber; alors le couvercle de la cage se ferme, et l'oiseau est pris. Cette chasse réussit surtout en automne le matin, lors des premières gelées blanches; le trébuchet se place sur un arbre.

Miroirs à alouettes.

De tous les moyens dont on se sert pour faire donner les alouettes dans les piéges qu'on leur tend, il n'en est point qui soit suivi d'autant de succès, ni qui soit pour un chasseur un passe-temps plus agréable, que la chasse qui se fait avec un miroir. Il y aurait bien des choses à dire sur la curiosité des alouettes, et sur l'empressement qu'elles ont de la satisfaire; mais ce serait passer les bornes que nous nous sommes prescrites. Il suffit de savoir que les rayons du soleil donnant sur les glaces d'un miroir, tel que nous allons le décrire, et réfléchissant sur tous les objets qui l'environnent, attirent toutes les alouettes qui l'aperçoivent. Bruit, feu, fumée, mauvaise odeur, rien ne les arrête; elles descendent quelquefois avec tant de précipitation, qu'on les croirait lancées du ciel, si elles ne s'arrêtaient tout à coup pour papillonner et badiner sur le miroir.

On fait plusieurs sortes de miroirs à alouettes ; nous ne décrirons que celui qui est le plus commun et qui offre le plus d'avantages et d'amusement.

La base de ce miroir est d'un bois pesant, de la largeur d'un pouce et demi par dessous, et taillé en biseau de tous côtés, de façon que cela forme supérieurement et latéralement des arrêtes divergentes. On fait de petites entailles un peu creuses, dans lesquelles on incruste de petites glaces ou morceaux de miroir, que l'on mastique proprement. On peint ensuite tout le bois d'un brun rouge. On perce le miroir par dessous et dans le milieu, de la profondeur d'un pouce ; on fiche dans ce trou une broche de fer de la grosseur d'une plume à écrire ; elle est emmanchée auparavant dans une bobine sur laquelle doit rouler la ficelle. C'est au moyen de cette ficelle que l'oiseleur ou son tourneur (nom que l'on donne à celui qui fait jouer le miroir) fait mouvoir cette machine, comme les enfants jouent du moulinet dans une coque de noix ; observant que les tours et retours soient égaux et doux. Cet instrument est monté sur un piquet de fer, ce qui donne la facilité de le planter où l'on veut.

Lorsque le tourneur est placé à une distance convenable, c'est ordinairement de vingt à vingt-cinq pas pour le filet, et de vingt-cinq à trente pour le fusil, il prend d'une main la poignée où est attaché le bout de la ficelle, et tire le plus près de terre qu'il est possible, en observant d'éviter les grands mouvements de bras.

Quand on chasse au filet ou *nappes,* la même personne peut tirer le filet et faire jouer le miroir ; mais si c'est à coup de fusil, il faut que le chasseur ait un tourneur, ne pouvant tirer les alouettes et faire mouvoir le miroir en même temps.

Nappes.

On appelle nappes les filets à l'aide desquels on prend les alouettes avec le miroir. L'espace qui est entre les nappes, doit égaler celui qu'elles rempliraient si elles étaient fermées.

Les *guèdes* ou perches de filet, ont le mouvement à charnière ; la ferrure est uniforme dans tout, elles sont virolées pour leur solidité.

Quand le piquet de ces guèdes est fiché en terre d'une profondeur convenable, on monte la guède, que l'on arrête au moyen d'une broche qui passe par les deux trous de la ferrure de la guède et par celui du piquet.

Quatre piquets ou crochets, servent à bander fortement le filet, qui tourne d'autant plus légèrement que les cordes sont bien tendues.

Les mêmes cordes qui servent à bander chaque nappe d'un crochet à l'autre, ne servent point à faire mouvoir le filet. Celle-ci doit être forte et longue de trente pas. A son extrémité est un nœud coulant double, dans lequel on serre un morceau de bois d'un pied, ce qui facilite les moyens de tirer à deux mains le filet.

On remarquera une *moquette*, nom qu'on donne à un oiseau attaché par les pattes à une *paumille* ou machine disposée de manière à donner du mouvement à l'oiseau, et le faire voltiger quand il en est besoin, à l'aide d'un fil que le chasseur tient. Lorsque les alouettes ne mirent point assez bas pour pouvoir être enveloppées du filet, l'oiseleur les appelle, et tire la moquette, ce qui les fait bientôt descendre à son gré.

Il est bon d'avoir une fausse moquette, jusqu'à ce qu'on puisse en avoir une vraie. On se sert de deux ailes d'alouettes, qu'on attache à une petite baguette fort légère, nommée *verge de moquette* ou de *meule ;* on la fait jouer comme on ferait d'une vraie moquette, et la première alouette qu'on prend s'attache à la paumille.

Les nappes de filet à alouettes ne sont qu'en mailles à losanges. Le fil, quoique fin, doit être fort, et retors en deux brins. Si l'on veut que ce filet serve à prendre les oisillons comme les alouettes, au lieu de donner à chaque maille un pouce tout au plus,

on ne leur en donnera que la moitié; et pour
que les nappes ne soient pas plus pesantes,
on se servira de fil très fin, si l'on veut lui
donner la même étendue.

La longueur ordinaire de chaque nappe est
de huit pieds; la levure est de cent mailles,
qui doivent être enlarmées de chaque côté.
On passe un cordeau câblé dans chaque
maille du dernier rang de l'enlarmure, aux
extrémités duquel on fait des bouches, dans
lesquelles doivent passer les guèdes; on
teint le filet d'une couleur brune légère.

Avant de tendre son filet, il faut en pré-
parer la place, en unissant les endroits où il
doit jouer. C'est cette place qu'on lui destine
qui s'appelle *forme;* d'autres oiseleurs donnent ce nom à un trou que l'on fait à portée
du filet, où l'oiseleur s'assied, et où il cram-
ponne ses pieds au moment où il le fait jouer.
En aplanissant la terre il ne faut pas la remuer, crainte de donner de la défiance aux
oiseaux. Pour cela, on cherche un endroit
dans les champs de chaume, plat et uni; on
en écarte les pierres, et tout ce qui pourrait
nuire; après quoi l'on plante et l'on prépare
son harnais. On cherche ensuite un lieu propre à creuser sa forme, faisant attention de
ne pas laisser de pierres derrière, crainte de
se blesser quand on tire le filet, le chasseur
devant se jeter en arrière avec force. On fait
une loge si on le juge à propos; il est toujours bon de se mettre à couvert.

Ce ne sont pas les alouettes seules qui viennent se prendre dans cette sorte de filet; il y a une quantité d'autres oiseaux qui y trouvent leur perte. Les linottes, quand elles sont attroupées, descendent très bas, se posent même quelquefois près des moquettes, de façon que si les mailles du filet sont assez étroites, il n'en échappe point. Le bec-figue n'est pas, après l'alouette, un des oiseaux qui se mirent le moins; on en prend sur la fin d'octobre en quantité; la chasse en est aussi amusante que celle qui se fait aux alouettes; plus on a de moquettes et plus on est assuré du succès; car le bec-figue est timide, il veut être accompagné. Le même appeau qui sert pour les alouettes, sert aussi pour les bec-figues, les linottes, etc.

La saison la plus favorable pour cette chasse, est déterminée par la première gelée blanche qui paraît, et elle est suivie d'un succès heureux, jusqu'à ce qu'on voie les alouettes attroupées ne plus badiner dans les airs et chercher les abris; et si on leur fait encore la chasse au miroir, c'est moins par récréation que par ambition; car, dans une matinée, on ne donne quelquefois que deux ou trois coups de filet pour en prendre beaucoup, parce qu'elles viennent en bande, et à rase terre.

Cette espèce de filet sert aussi à prendre quantité d'oiseaux pendant l'hiver. On nettoie une place que l'on couvre de menue

paille, sur laquelle les oiseaux vont s'amuser; et l'on y tend le filet, observant ce qui
a été dit plus haut. Il est fort à propos d'avoir
plusieurs espèces de moquettes, pour enhar-
dir les oiseaux et les amener au piége. On y
prend beaucoup de moineaux, de pinsons,
de verdiers, de chardonnerets, de linottes,
de bouvreuils, etc. : le miroir est alors inutile.

Nasse.

La nasse est un filet de forme ronde et que
l'on maintient dans cette forme à l'aide de
cerceaux que l'on place dans l'intérieur, de
distance en distance. Ce filet est large à l'ouverture; mais il va toujours en diminuant de
diamètre, jusqu'à l'extrémité. On dresse ce
filet près des buissons, des haies, et l'on met
quelquefois dedans de jeunes oiseaux dont
les cris attirent d'autres oiseaux. On fait aussi
des nasses en osier, et on peut également les
placer dans un jardin, sur un mur ou près
d'une haie.

Nœuds de l'oiseleur.

Comme il y a très peu de piéges dans la
composition desquels il n'entre quelques cor-
deaux, lignettes, etc., l'oiseleur doit savoir
faire six sortes de nœuds qui sont *le nœud
coulant simple :* c'est celui dont on se sert le
plus fréquemment; le nœud coulant double,

le nœud à chaînette, le nœud proprement dit; le nœud fixe et le nœud de capucin.

Nous essaierions vainement de donner une exacte description de ces divers nœuds; le lecteur n'en serait pas plus avancé, et la plus grande clarté dans notre rédaction ne vaudrait pas une démonstration de quelques instants.

Outils de l'oiseleur.

Les outils indispensables à l'oiseleur pour la construction des divers engins, sont :

Une *serpe*, qui sert à la construction de presque toutes les autres machines, et à couper les branches au besoin.

Une *serpette*.

Un *canif*, pour aiguiser les gluaux, les rejets, etc.

Un *couteau camard*.

Un *Eustache-Dubois*, préférable aux couteaux de meilleure qualité, en ce qu'il casse plus rarement.

Une *masse à pic*, propre à tendre les filets à alouettes, et tous les piéges qui ont des piquets. La partie pointue sert à creuser la terre dans l'occasion, et celle terminée en marteau, à enfoncer les piquets.

Une *vrille*, pour faire des trous.

Un *carrelet*, instrument qui sert à tailler la feuille avec laquelle on veut *frouer*. A défaut de carrelet, on fait un trou carré aux feuilles avec des ciseaux.

Une *genouillère*, c'est une calotte de chapeau qu'on attache au genou, pour tailler les petites branches dessus.

Un *carton*, c'est un large morceau de cuir, de toile cirée ou d'écorce de merisier, pour envelopper et porter plus commodément les gluaux.

Une boîte de fer-blanc pour renfermer les instruments à piper ou frouer.

Pantière.

On nomme pantière une espèce de nappe (voir ce mot) dont les mailles ont un peu plus de deux pouces de diamètre, et qui a ordinairement cent pieds de long et trente de hauteur. Ce filet, qui doit être de fil très-fort, s'attache aux quatre coins par des cordes, et les deux du haut doivent être plus longs que ceux du bas.

La pantière simple se compose de deux nappes, et la pantière contremaillée en a trois comme les alliers (voir ce mot).

Pipeau.

C'est une espèce de chalumeau à l'aide duquel les chasseurs contrefont le cri des oiseaux pour les attirer dans les filets ou sur les gluaux (voir *appeau*).

Pipée.

Piper, c'est contrefaire les cris plaintifs de la chouette. On se sert pour cela des appeaux à languettes ou d'une feuille de chiendent (voyez *appeaux*). Piper avec art est l'écueil de bien des oiseleurs, et à la fois la ruse la plus fatale pour les oiseaux. Quoique l'expérience apprenne tous les jours que, depuis l'oiseau le plus fort jusqu'au plus faible, il n'en est aucun qui ne donne des marques de son inimitié irréconciliable pour la chouette, ils s'y connaissent trop bien pour venir indifféremment quand on pipe bien ou mal. Si les petits ne peuvent, relativement à leur faiblesse, porter des coups meurtriers à leur ennemie, ils ont bientôt appelé les gros à leur secours; et ceux-ci, tant par fureur vindicative que par commisération, ne tardent pas à se mettre de la partie. Le geai vient d'abord sans rien dire; il est hérissé, le feu lui sort des yeux, et l'on voit qu'il ne désire que de trouver son ennemi pour lui livrer bataille.

Avant de contrefaire les cris de la chouette, on doit commencer par exciter la curiosité des oiseaux en *frouant*. On froue d'abord assez fort pour que les oiseaux éloignés entendent l'appeau; on diminue ensuite la force des tons à mesure que l'on s'aperçoit que les oiseaux s'approchent. En imitant premièrement les cris du geai, de la pie, du merle, de da grive, de la drenne, l'oiseleur doit, de temps à autre, contrefaire, en suçant les lèvres, les cris de quelques petits oiseaux, saisissant avec empressement les premiers qui se prennent, pour les faire crier dans le besoin, en leur serrant un peu les ailes.

On pipe quand on s'aperçoit que l'on est avoisiné d'oiseaux. Il faut commencer doucement, pour ne pas effrayer les oiseaux, en mettant entre chaque cri un intervalle d'une demi-minute. On diminue insensiblement les intervalles, en donnant plus de force aux tons, jusqu'à imiter les cris les plus ordinaires de la chouette, qu'il faut nécessairement avoir entendue.

Pendant que l'on pipe, comme pendant que l'on froue, on doit faire de temps à autre crier quelque oisillon, en changeant autant qu'on peut de différentes sortes.

On distingue trois sortes de pipées :

Les Pipées prématurées,

Les Pipées de saison,

Et les Pipées tardives.

Les premières sont toujours fructueuses et meurtrières ; elles se font dans les temps de la maturité des merises, temps où ne font que commencer les dernières nichées. Les oiseaux qu'on y prend sont bien moins bons que ceux qu'on prend dans les pipées de saison. Ces pipées sont les secondes : elles se font dans le temps des vendanges, vrai temps où il fait bon piper pour réunir l'agrément à la réussite, la délicatesse à l'abondance. Le gibier qu'elles procurent est gras et d'un goût exquis : c'est le grand passage des grives et des rouge-gorges, moment le plus favorable pour leur faire la chasse. Les troisièmes se nomment pipées tardives ; elles se font encore dans le mois de novembre, quand on est obligé de couvrir de branches la cabane pour suppléer au défaut des feuilles : à celles-ci on ne prend que très-peu de rouge-gorges, mais beaucoup de geais et de grosses grives dont le passage est tardif.

L'heure où l'on doit commencer à piper ne peut être fixée que par les différentes saisons où l'on veut se procurer l'agrément de cette chasse. On peut dire en général qu'il suffit qu'une pipée soit tendue une heure ou cinq quarts d'heure avant le soleil couché, en quelque saison que l'on soit.

On pipe le matin souvent avec plus de fruit que le soir, surtout dans les pipées prématurées. Il faut avoir tendu sa pipée avant le soleil levé, et piper aussitôt qu'on entend rôder le merle. On finit sur les huit heures : piper plus tard, serait perdre son temps, exposer ses gluaux à être desséchés par le soleil.

Il faut éviter la proximité des pipées ; car si l'on s'entend d'une pipée à l'autre, ou que l'on pipe plus d'une fois pendant huit jours dans le même endroit, les oiseaux, accoutumés, pour ainsi dire, aux coups d'appeaux, ne viendraient pas, et se contenteraient de criailler de loin, comme pour rire du pipeur.

Pliants.

Les pliants sont de petites perches que l'on coupe, que l'on débarrasse de leur feuillage, et que l'on plante en arcade dans les avenues pour attacher dessus des gluaux, à l'aide de petites incisions que l'on fait avec une serpette. C'est dans de pareilles incisions faites aux branches que l'on a disposées dans l'arbre que l'on pose les gluaux sur lesquels on compte le plus.

Raquette.

Voyez *rejet*.

Rejet.

Ce piége se nomme encore *raquette, repos, sauterelle*, etc. C'est un des plus anciens que l'on connaisse, et celui qui détruit le plus de petits oiseaux; on le tend aux abreuvoirs, dans les chemins, dans les vignes, sur les arbres et les buissons.

Ce piége se fait avec un bâton souple, long de trois à trois pieds et demi, auquel on donne, en le pliant, la courbure convenable. Ses extrémités se terminent en pointe, de crainte que les oiseaux ne s'y posent; et une baguette, fichée en terre et passée dans la ficelle, tient le rejet droit.

C'est sur la marchette qu'est étendu l'an-

neau de la corde. L'arrêt doit être posé sur
l'extrémité de la marchette qui tient à la
corde du rejet par un fil, de peur qu'elle ne
se perde en tombant sous l'effort de l'oiseau.

Repos,

Voyez *rejet*.

Réverbère pour les Canards.

La chasse au *réverbère* est fort singulière ;
les canards, à l'aspect de quelque chose de
nouveau, qu'ils prennent peut-être pour le
soleil levant, dont cette réverbération a
parfaitement la ressemblance, s'attroupent
et approchent des bords, soit pour s'amuser,
soit pour travailler mutuellement à leur toi-
lette, comme c'est leur coutume aussitôt
que le soleil paraît. Quand on veut faire cette
chasse sur la rivière, elle exige qu'on soit
plusieurs personnes ; mais une seule suffit
pour chasser sur les étangs.

L'objet qui doit procurer la réverbération
funeste aux canards est seulement un chaudron bien écuré. Si l'on va chasser sur la
rivière, une personne se pend le chaudron au
cou, et tenant d'une main un vase dans lequel
il y a de l'huile et quatre ou cinq chandelles
allumées, elle fait en sorte que la réflexion de
la lumière donne sur l'eau, à une portée de
fusil ordinaire. Si l'on rencontre des canards,
ils s'annoncent de loin par quelques cris

d'admiration pour cet objet nouveau ; ce qui doit avertir le *porte-réverbère*, et les chasseurs cachés derrière lui, qu'il faut aller très-doucement, et marcher le plus légèrement possible.

Nous avons dit que, lorsqu'on fait cette chasse sur un *étang*, une seule personne suffit : elle attache le chaudron à un pieu, et met le vase qui sert de lampe devant, à la distance convenable, puis elle attend tranquillement derrière le réverbère. Après l'explosion du coup de fusil, on perdrait son temps à rester au même endroit ; il faut aller plus loin pour recommencer.

C'est au commencement de l'automne que cette chasse se fait avec le plus de succès ; on y tue des canards, des poules d'eau, plongeons, morelles, etc.

Sauterelle.

Voyez *rejet*.

Traîneau.

Le traîneau est un des filets les plus destructeurs que l'on connaisse. On ne s'en sert que de nuit, et l'on y prend toute espèce de gibier qui ne se branche pas. De toutes les chasses que l'on fait au traîneau, celle des alouettes est la plus récréative. Il ne faut pas que la nuit soit assez obscure pour qu'on ne se voie pas d'un bout à l'autre du filet : il faut

au contraire que l'on puisse se voir à une distance de quarante ou cinquante pas.

Les traineaux sont des filets longs de huit
à dix toises, et larges de quinze à dix-huit
pieds ; les mailles sont à losanges, et propor-
tionnées à l'espèce de gibier qu'on veut
chasser ; à chaque extrémité s'attache une
perche, qui doit être de longueur à égaler la
largeur du filet. Lorsqu'on se prépare à faire
cette chasse, on est obligé d'aller, au coucher du soleil, pour savoir où les alouettes
se cantonnent. On se munit de quelques baguettes, aux extrémités desquelles sont des
cartes ou morceaux de papier. Là où l'on est
sûr qu'une bande d'alouettes est remisée, on
plante une baguette, afin qu'on puisse, en
revenant la nuit, poser à coup sûr le traineau
sur les dormeuses. On doit garder un profond
silence, afin que si l'on était trompé du premier coup, on pût le reposer plus loin, jusqu'à ce qu'on ait atteint sa proie. L'alouette
a le sommeil assez dur pour qu'on abatte le
traineau à un pied d'elle, sans que cela lui
fasse prendre la fuite.

Pour suppléer à la connaissance des remises, on attache, de trois en trois pieds, après
le dernier rang des mailles d'une nappe,
des ficelles longues de quatre pieds, aux extrémités desquelles on lie de petites branches d'arbres ou des bouchons de paille
qu'on laisse trainer à terre. La manière de
porter le traineau est bien différente quand

on ne chasse point à la remise ; on ne le déploie que lorsqu'on est dans les champs où
l'on soupçonne qu'il y a des alouettes ; chacun tient sa perche obliquement, de façon
qu'un bout est élevé de six ou sept pieds,
tandis que l'autre, auquel sont attachés les
bouchons de paille, n'est éloigné de terre
que d'un ou deux pieds. Le bruit que fait la
paille en traînant à terre, fait lever les alouettes qu'on recouvre aussitôt du filet, en le
laissant tomber. C'est de cette manière qu'on
chasse aux perdrix, aux cailles, etc., quand
on ne sait pas leur remise.

Cette chasse se fait ordinairement vers la
fin de novembre et au commencement de décembre, avec d'autant plus de fruit que
dans ce temps les alouettes sont en grand
nombre et s'attroupent aux approches de
l'hiver pour gagner des climats plus tem-
pérés.

Tramail.

Ce filet ressemble beaucoup aux alliers
(voir ce mot); il se compose de trois rangs
de mailles. Les mailles des aunées sont plus
larges que celles de la nappe, et cette dernière doit être plus lâche que les aunées.

Trappe.

On emploie ce piége pour prendre les
loups. C'est tout simplement un grand

trou creusé dans un champ, et plus large
du bas que du haut. Ce trou est couvert par
un châssis à bascule. On cache le châssis
avec des branchages, et on met dessus une
amorce pour attirer les loups. La *chambre à
loup*, la *fosse aux loups* ne sont que des modifications de cette trappe.

Traquenard.

Ce piége sert ordinairement à prendre les
fouines, putois, chats sauvages, etc. Il a
la forme d'une caisse carrée dont le dessus
s'ouvre à deux battants ou à un seul, et il se
fait en planches bien solides. Nous n'entrerons pas dans les détails de sa confection;
car on ne saurait réussir à le faire à l'aide de
la théorie seulement.

Trébuchet.

Voyez *mésangette*. Tous les trébuchets sont
faits à peu près comme celui-ci; les modifications qu'on ne peut lui faire subir sont
nombreuses, et dépendent entièrement de
l'imagination du chasseur.

Vache artificielle.

Quelques chasseurs se sont bornés à se
couvrir d'une toile peinte couleur du poil
d'une vache, puis de s'adapter une tête de
carton semblable à celle de cet animal ; mais

les pluviers, les étourneaux, les grives, les alouettes se laissent rarement approcher au moyen de cette imitation imparfaite, il faut donc faire d'abord construire en osier la carcasse d'une vache, puis vous la recouvrez d'une toile peinte à l'huile qui imite toutes les nuances du poil de cet animal. Quant aux pattes de devant et à la tête, vous avez un pantalon de la couleur de la vache, et vous vous affublez de la tête de carton, en laissant vos bras libres pour le maniement du fusil : vous avez soin d'ailleurs de tenir les yeux de votre tête de carton très-larges, afin de mieux observer tous les mouvements des oiseaux que vous poursuivez. Le reste du corps de cette vache artificielle s'adapte avec de forts rubans de fil aux épaules du chasseur déguisé. Toutefois ainsi travesti, il ne doit pas marcher avec précipitation ; il faut qu'il cache son fusil, puisqu'il imite l'allure d'une vache qui est occupée de paître avec un groupe d'autres. Ayant pris toutes les précautions que je viens d'expliquer, il n'est pas douteux que vous approcherez des cigognes, des grives, des canards, des sarcelles, des oies sauvages, sans leur inspirer la moindre méfiance, et que vous en tuerez beaucoup; mais, je le répète, allez doucement, baissez souvent votre *tête artificielle*, en contrefaisant parfaitement toutes les allures de la vache; autrement le gibier emplumé fuira, et vous en seriez pour vos fatigues et vos frais.

CHAPITRE IV.

Notions générales sur le gibier a poil.

Le gibier à poil se divise en *grosses bêtes* et *menu gibier à poil.*

Les grosses bêtes sont de trois sortes, qui sont :

1° *Bêtes fauves*, telles que cerf, daim, chevreuil, etc.

2° *Bêtes noires*, telles que sanglier, laye, marcassin.

3° *Bêtes rousses*, telles que loup, renard, fouine, blaireau, etc.

Le menu gibier se compose du lièvre et du lapin.

Avant de parler des différentes manières de chasser le gigier à poil, nous allons donner quelques notions indispensables sur les habitudes, l'âge et les mœurs de ces animaux.

Le Cerf.

Voici l'un de ces animaux innocents, doux et tranquilles, qui ne semblent être faits que pour embellir, animer la solitude des forêts, et peupler, loin de nous, les retraites paisibles de ces grands jardins de la nature. Sa forme élégante et légère, sa taille aussi svelte que bien prise, ses membres flexibles et nerveux, sa tête parée, plutôt qu'armée, d'un bois vivant, et qui, comme la cime des arbres, tous les ans se renouvelle, le distinguent assez des autres habitants des bois. La chasse du cerf demande des connaissances qu'on ne peut acquérir que par l'expérience : elle suppose un appareil royal, des hommes, des chevaux, des chiens, tous exercés, stylés, dressés. Le veneur doit juger l'âge et le sexe ; si le cerf est un *daguet* (jeune cerf, les *dagues* sont les premiers bois du cerf), ou un cerf de dix cors (un cerf dans sa sixième année), ou un vieux cerf ; et les principaux indices qui peuvent donner cette connaissance sont le pied et les *fumées* (fiente du cerf).

Le cerf, chassé au son du cor par les meutes, a l'instinct très-fécond en ruses ; il passe et repasse deux ou trois fois sur la voie, afin de rompre les chiens. Cependant les instruments le charment à un tel point qu'il s'arrête souvent pour jouir du son de ceux mêmes qui sonnent l'heure de sa mort. Habile à faire prendre le change, il se fait accompagner par d'autres cerfs, pour s'éloigner de suite, se couche et reste sur le ventre. Éperdu, exténué de fatigue, après avoir épuisé toutes ses ruses, le malheureux animal n'a d'autre ressource que de fuir la terre qui le trahit, et de se jeter à l'eau, pour dérober son sentiment aux chiens ; mais bientôt il est aux *abois*. Dans ses derniers efforts, il blessera encore avec ses *andouillers* (rameaux) quelques chiens, quelques chasseurs, jusqu'à ce qu'un piqueur, lui coupant le jarret, le fasse tomber, et l'achève ensuite, en lui donnant un coup de couteau au défaut de l'épaule.

Le *rut*, pour les vieux cerfs, commence au 1er de septembre, et finit vers le 20; pour les cerfs de dix cors, il commence vers le 10 de septembre, et finit dans les premiers jours d'octobre. A l'époque de leurs amours, ils sont furieux, jaloux, jettent des cris terribles en cherchant les biches qui peuvent calmer leurs fougueux désirs. Plus d'un combat s'engage près des femelles, et plus d'un cerf paie de sa vie le danger d'avoir combattu.

Les biches portent huit mois et quelques jours; elles ne produisent ordinairement qu'un faon.

Le Daim.

Pour sa forme et ses dispositions, le daim ressemble au cerf; mais il est plus petit, moins vigoureux, et ses cornes, au lieu d'être branchues et rondes, sont larges et palmées. Ces deux espèces, d'ailleurs, ont de l'antipathie l'une pour l'autre, et ne produisent ni ne paissent dans les mêmes endroits. La couleur du daim est d'un bai brun, blanc au-dessus, sur les côtés et sous la queue. Ils vivent ordinairement jusqu'à vingt ans, et

arrivent à toute leur croissance au bout de
trois. On les trouve rarement dans leur état
sauvage; ils sont élevés dans des parcs, et
entretenus pour l'amusement et le luxe des
grands.

Ils broutent d'une manière plus rase que
le cerf, et se nourrissent de plusieurs végétaux que les cerfs dédaignent; ils sont très-
préjudiciables aux jeunes arbres qu'ils dépouillent entièrement de leur écorce. Ils ne
sont pas sujets à la mue; cependant il y a
de certaines saisons où leur chair acquiert
une meilleure qualité.

L'envie de posséder quelque morceau favori met souvent la discorde dans un troupeau, et remplit l'un et l'autre parti d'une
ardeur et d'une obstination égales. Dans ces
occasions, les combattants sont guidés par
les plus vieux et les plus vigoureux de la
bande; ils s'attaquent dans le meilleur ordre,
combattent avec courage, se retirent ou se
rallient, selon que les circonstances l'exigent,
et même renouvellent le combat plusieurs
jours de suite, jusqu'à ce que le parti le plus
faible soit forcé de battre en retraite et d'a-
bandonner l'objet en contestation.

En Angleterre, il y a deux variétés de
daims, l'une mouchetée, originaire du Ben-
gale, et l'autre d'un brun sombre, introduite
sous le règne de Jacques Ier. Cette dernière
espèce est aujourd'hui la plus commune dans
plusieurs parties de ce royaume.

Le Chevreuil.

Ce quadrupède ressemble beaucoup au cerf; s'il n'a pas tant de noblesse, il a plus de grâce et de vivacité. Son rut a lieu vers la fin d'octobre: les loups leur font une guerre au moins aussi terrible que les hommes. La mère se sacrifie presque toujours pour ses faons, et son amour maternel lui fait la plupart du temps perdre la vie, sans que ce sacrific sauve celle de ses petits. Agé d'un an, on voit poindre sur la tête du jeune faon deux *dagues;* elles tombent en automne, et se reproduisent à la fin de l'hiver. Quand elles sont reproduites, il touche au bois comme le cerf pour faire tomber la peau dont elles sont couvertes; aux secondes dagues, ou *tête,* le chevreuil voit déjà son front orgueilleux orné de deux andouillers sur chaque côté; à la troisième tête, il y en a trois ou quatre; à la quatrième, quatre ou cinq : c'est généralement le dernier nombre des andouillers qui forment le bois d'un chevreuil. On cite comme une rareté ceux auxquels on en verrait une plus grande quantité.

On a remarqué que cet animal est très-capricieux, et, en général, difficile à apprivoiser : la durée de sa vie est de quinze ans; cependant, si vous le tenez renfermé dans la clôture d'un parc, tel vaste qu'il soit, il n'ira pas au delà de six ans. Il est dangereux d'approcher les mâles qui, au moment où vous y pensez le moins, s'élanceront sur vous et pourraient vous blesser grièvement, au moyen des pointes aiguës de leurs andouillers. La nourriture du chevreuil, en hiver, saison pendant laquelle il se tient dans les taillis les plus épais, est de ronces et de bruyères; mais au printemps, il gagne les terrains à clair-voie, et broute les boutons et les premières feuilles tendres qu'il recherche alors avec avidité. On n'ignore pas que la chair de chevreuil est un manger fort délicat, et qu'on en sert sur la table même des rois; mais il faut pour cela qu'il n'ait pas dépassé l'âge de deux ans.

Le Chamois.

Cet animal, qui appartient à la famille de l'antilope, n'habite que les Alpes et les Pyrénées, où l'on en voit des bandes de quatre à huit et même de cent. Il approche de la taille de la chèvre ordinaire; il est d'un jaune brunâtre sale, avec le ventre d'un jaune blanchâtre. Les cornes sont noires, minces, visqueuses, arrondies vers leur extrémité, et hautes d'environ huit pouces; à la base de chacune d'elles il y a une ouverture assez marquante dans la peau, dont l'usage n'est pas connu. Comme tous ceux de l'espèce de l'antilope, le chamois a les yeux brillants et animés. Il se nourrit des meilleurs herbages, et sa chair et d'une saveur délicate.

Dans l'alarme, le chamois siffle avec une telle force que les rochers et les forêts en retentissent, la note est très-aiguë dans le commencement, et baisse vers la fin. Après s'être arrêté un moment, l'animal regarde autour de lui; et s'il se voit découvert, il siffle avec une plus grande violence; dans le même temps, il frappe la terre de ses pieds de devant, il bondit de rocher en rocher, et montre une grande agitation jusqu'à ce que l'alarme soit répandue à une certaine distance, et que toute la bande ait pourvu à sa sûreté par une fuite précipitée. Le sifflement du mâle est beaucoup plus éclatant que celui de la femelle: il est formé du nez, et ressemble, pour ainsi dire, au bruit que ferait une planche bien large poussée avec violence à travers une ouverture très-étroite.

La chaleur est tellement insupportable à ces animaux, qu'on ne les voit jamais pendant l'été: ils ne se plaisent que dans les rochers, dans les précipices où ils peuvent être à l'abri des rayons du soleil. Ils boivent avec sobriété, et ruminent pendant l'intervalle de leurs repas. Leur agilité est surprenante; ils se risquent sur des rochers presque perpendiculaires de vingt à trente pieds de hauteur, sans avoir aucun appui pour assurer leurs pieds: ils fuient plutôt qu'ils ne courent.

Les chasseurs de chamois sur les Alpes

sont si passionnés pour cette chasse, qu'ils en contractent une sorte de rage et bravent tous les dangers dans la poursuite de cet animal.

Le Sanglier.

Le *sanglier* est un cochon sauvage qui ressemble beaucoup au porc privé, avec la différence néammoins que le *sanglier* a les oreilles droites, plus petites et pointues, qu'il est noir, et qu'il a les défenses plus grandes, le boutoir plus fort, et la hure plus longue, les pieds plus gros, et le dos plus arrondi ; au lieu que les cochons domestiques l'ont plus uni.

La Laye.

C'est la femelle du sanglier ; elle a les pinces moins grosses que celles du mâle, mais les allures plus longues et plus assurées ; dans le temps du rut on a remarqué que les allures de ces deux animaux étaient les mêmes pour la longueur, mais que celles du sanglier avaient la face plus ronde.

On distingue la *laye* par les âges différents ; elle est jeune, ou grande ou vieille ; elle met bas au commencement du printemps, et ses petits s'appellent *marcassins*. Il est rare que des chasseurs prudents poursuivent une *laye ;* on la ménage à cause de ses petits.

Le nom du sanglier change suivant son âge ;

jusqu'à six mois, il est *marcassin; ragot* à trois ans, *grand sanglier* à six ans; alors il est terrible : il pousse la fureur, quand il n'est que légèrement blessé, jusqu'à chercher à déraciner avec ses défenses l'arbre où le chasseur se sera vivement réfugié. Commencez cette chasse avec de vigoureux mâtins, et ajustez-le bien, ayant soin d'être entouré d'autres chasseurs qui suppléeront à votre défaut d'adresse, si vous le manquez, car il se précipite sur les personnes : il évente également quantité de chiens; ainsi ayez encore soin de modérer leur ardeur, surtout lorsque le sanglier est acculé à un gros chêne. Pendant l'hiver, vous suivez facilement ses traces sur la neige, d'autant plus qu'il répand une odeur très-forte. Lorsqu'il est tué, on lui tranche *la hure;* c'est le morceau d'honneur, qu'on présente au roi, aux princesses, dans les chasses royales. La retraite d'un sanglier est une espèce de fort qu'il se pratique dans les charmilles ou les haies les plus épaisses; il aime beaucoup le gland, la faîne et les noisettes. Son crin, sa peau sont si durs, que la balle, dans certaines directions, ne peut les percer; il est bon encore de se munir d'un large couteau de chasse; et si, après avoir épuisé vos armes à feu inutilement, l'animal vient à vous atteindre, tâchez de conserver votre sang-froid, et plongez-lui la lame dans le flanc, au défaut de l'épaule.

Le Loup.

On trouve des loups dans presque toutes les parties tempérées et froides du globe. Ils étaient très-nombreux en Angleterre, mais la race y est entièrement éteinte depuis long-temps : ce n'est cependant que vers la fin du dix-septième siècle que le dernier loup a été tué en Écosse. Cet animal, depuis l'extrémité de son museau jusqu'à l'origine de sa queue, a près de trois pieds et demi de long, et sa hauteur est d'environ deux pieds cinq pouces. Sa couleur offre un mélange de noir, de brun et de vert ; la cavité de l'œil est percée obliquement, l'orbite incliné.

La couleur de ses paupières est d'un vert clair, ce qui lui donne un air sauvage et effrayant. Le fumet du loup est si puant et sa chair si mauvaise, que tous les autres animaux la rebutent.

La nature a pourvu le loup de force, d'adresse, d'agilité et de tout ce qui est nécessaire pour la poursuite, l'attaque et la conquête de sa proie. Il est naturellement lent et lâche; mais quand il est poussé par la faim, il brave le danger, et ose venir attaquer les animaux qui sont sous la protection de l'homme, comme les brebis, les moutons et même les chiens.

Tourmenté par une faim excessive, il exerce de grands ravages. Il attaque les femmes, les enfants, quelquefois même il ose se jeter sur l'homme : ses violents et continuels efforts ajoutent à sa fureur, et il termine alors sa vie dans des accès de rage.

Le temps de la gestation est d'environ quatorze semaines ; la louve produit ordinairement cinq à six jeunes à la fois : elle les nourrit pendant quelque temps, et cherche à leur faire aimer la chair, qu'elle leur sert en la goûtant d'abord elle-même. Elle leur apporte aussi de jeunes lièvres et des oiseaux qu'elle déchire devant eux. Quand les louveteaux ont atteint six semaines ou deux mois, leur mère les conduit près du tronc de quelque arbre où l'eau s'est amassée, ou bien près de quelque étang du voisinage, et leur apprend à boire ; mais à la moindre apparence de danger, elle les cache dans le premier repaire venu, ou bien les porte sur son dos vers sa tanière. Elle les entretient ainsi jusqu'à ce qu'ils aient atteint leur douzième mois et qu'ils aient complété leur dentition ; alors elle les abandonne, les jugeant assez forts pour se suffire à eux-mêmes.

Le Renard.

Le renard naît dans presque toutes les parties du globe. Il est plus mince, plus petit que le loup, et n'a guère plus de deux pieds trois pouces de long. Sa queue est comparativement plus longue et plus épaisse ; il a le museau moins long et le poil plus doux. Ses yeux sont obliques comme ceux du loup, mais ils ont une singulière expression. Sa tête est

large en proportion de sa taille; son fumet,
comme celui de toute l'espèce, exhale une
odeur détestable.

Cet animal est fameux par ses ruses et son
adresse: sa grande réputation est bien fondée.
Il établit ordinairement son domicile sur la
lisière des bois, dans le voisinage de quelque
ferme. S'il parvient à pénétrer dans une basse-
cour, il égorge toute la volaille, se charge
d'une partie des dépouilles, court la déposer
à quelque distance, puis revient à la charge,
emporte une autre partie; et va la déposer de
même, mais avec la précaution de changer le
lieu du dépôt. Il répète ce manége à plusieurs
reprises, jusqu'à ce que l'approche du jour ou
le réveil des domestiques l'avertisse qu'il est
temps de songer à la retraite. Lorsqu'il trouve
des oiseaux pris dans le piége, il les dégage
adroitement de leurs liens, les emporte dans
son terrier, les garde trois ou quatre jours,
et n'oublie pas, dans ses courses, le trésor
qu'il tient en réserve.

Il est grand amateur de nids d'oiseaux,
attaque les perdrix et les cailles quand elles
couvent, prend les jeunes lièvres et les lapins, et détruit une grande quantité de gibier. Sa gourmandise s'accommode de tout.
Quand il est pressé par la faim, il prend des
rats, des souris, des serpents, des crapauds,
des lézards, des insectes, et se contente même
de végétaux. Les renards qui vivent près des
côtes de la mer, se nourrissent de toutes sor-

tes de coquillages. Le hérisson oppose en
vain à ce gourmand déterminé sa boule armée de pointes; ni la guêpe, ni l'abeille ne
peuvent se garantir de ses déprédations : si
parfois elles le forcent à une retraite momen-
tanée, il revient bientôt à la charge, se roule
à terre, et les forcent enfin à lui abandonner
leurs précieux rayons.

La femelle produit une seule fois par an,
et sa portée est rarement de plus de quatre ou
cinq jeunes. Elle leur prodigue beaucoup de
soins. Au moindre soupçon que sa retraite a
été découverte pendant son absence, elle
emporte ses jeunes rejetons l'un après l'autre
dans sa gueule, et va à la recherche d'un
gîte qui lui offre plus de sécurité.

Le Blaireau.

Il faut employer les ruses du braconnier,
se résigner à ses veilles, à ses fatigues, pour
tuer le *blaireau*, qui est un animal très-
carnassier à peu près semblable au renard,
ayant son instinct destructeur, et pourvu
par la nature d'ongles tranchants, aigus, acé-
rés, avec lesquels il déchire sa proie avec
une cruauté inexprimable. Il dévore également les fruits ; et on peut ajouter que le
blaireau est *omnivore*. Guettez le donc pendant la nuit, et à la sortie de son terrier ; et
prenez garde à ses morsures, si vous n'avez
fait que le blesser , car elles sont terribles.
Le blaireau, dit M. de Buffon, est mis au nom-

bre de ces animaux maraudeurs, qui, sans foi, sans loi, pillent, massacrent, et n'ont d'autre code que leur adresse, leur perfidie, et leurs dents implacables. Il y a beaucoup de conquérants qui leur ont ressemblé sous ce rapport. On ne saurait donc trop recommander aux chasseurs de poursuivre, de faire une guerre à mort au blaireau qui cause souvent de grands dégâts dans les basse-cours et les jardins potagers. On le prend *au collet*, à *l'assommoir du Mexique* ; au piége encore, qui consiste à choisir dans une haie une forte branche qui forme la fourche : quand on l'a trouvée, on y passe une corde, au bout de laquelle pend une pierre très-lourde, puis on enfonce deux forts bâtons précisément au lieu où l'on soupçonne que passera l'animal : on fait au haut, à l'extrémité des deux bâtons, un trou dans lequel passe la corde, et au bout de cette corde s'adapte le collet. Aussitôt que le blaireau a passé sa tête, il fait faire une espèce de bascule, fait tomber la pierre derrière ce poids, serre le collet, et l'animal s'étrangle. On chasse aussi le blaireau avec de gros mâtins, quand on a su l'éloigner de son terrier. *La belette, la fouine, la loutre*, cette dernière, amphibie, sont de la même catégorie, sous le rapport du dégât qu'elles font dans la volaille : poules, dindons, pigeons, poussins, gibier, poissons, elles détruisent tout. Prenez la belette avec un *traquenard*, piége en fer pour le loup ;

la loutre, en lui tendant des piéges près des
peupliers et des saules, où elle fait son gîte ;
la fouine, pareillement avec les piéges reconnus à la campagne ; et comme elle est
très gourmande d'œufs, présentez - lui cette
amorce.

La Loutre.

On connaît huit espèces de loutres. Mais
nous nous bornerons à en décrire deux. Les
loutres ont six dents machelières à chaque
mâchoire ; celles de dessus ne se suivent pas
en ligne droite, il y en a deux qui s'avancent
plus que les autres ; le dents canines sont
les plus fortes. Les pieds à nageoires sont
communs à toutes les variétés de l'espèce ;
elles ont également toutes le corps fort long
et les jambes très-courtes.

La loutre commune est d'un brun foncé,
et a ordinairement deux pieds de long depuis
l'extrémité du nez jusqu'à l'origine de la queue.
La tête et le nez sont larges et aplatis ; la
gueule offre quelque ressemblance avec celle
d'un poisson, le cou est court et aussi épais
que la tête ; le corps long, la queue large à
sa base, mais diminuant progressivement
jusqu'à son extrémité ; elle a environ six
pouces de long ; les yeux sont très petits, et
plus rapprochés du nez qu'ils ne le sont d'ordinaire dans les quadrupèdes. Les jambes
sont très-courtes, mais fortes, larges, mus-
culaires, et placées de manière à pouvoir

être disposées en ligne directe avec le corps, et remplir les fonctions de nageoires. Chaque pied est pourvu de cinq doigts liés entre eux par de larges nageoires, comme ceux de l'oiseau de mer. On rencontre ces animaux voraces au bord des lacs et des rivières; ils y détruisent plus de poisson qu'ils n'en dévorent. Il leur est arrivé de vider un étang dans l'espace de quelques nuits. Ils mettent en pièces les filets des pêcheurs.

La loutre déploie une grande sagacité dans la construction de son terrier : elle en fait l'entrée sous l'eau, et creusant en avant, elle s'assure plusieurs petites cellules pour se retirer en cas de débordement; à la surface il y a une ouverture étroite pour le passage de l'air; elle fait cette ouverture de manière à ce qu'elle soit cachée par quelque buisson épais.

La gestation de la femelle est d'environ neuf semaines; elle produit ordinairement quatre ou cinq jeunes à la fois. Ses petits se trouvent presque toujours sur le bord de l'eau, sous la protection de la mère, qui leur enseigne à se garantir des attaques hostiles, en plongeant dans l'abîme, et en s'échappant à travers les broussailles et les buissons qui bordent l'eau. Ce n'est que dans l'absence de la mère qu'on peut prendre les jeunes ; et dans quelques endroits, il y a des chiens dressés pour découvrir leur gîte.

Prise jeune, la loutre peut être apprivoisée ; elle va alors à la pêche au profit de son maître , et déploie tout l'attachement et toute la docilité du chien. On remarque encore la loutre marine qui habite vers la mer Pacifique.

Le Lièvre.

Les espèces de cette classe sont fort nombreuses ; elles sont toutes herbivores et d'une excessive timidité. Leur crainte est d'ailleurs justifiée par les persécutions continuelles qu'elles éprouvent. Le lièvre compte parmi ses ennemis le chien, le chat, toute la race des belettes , les oiseaux de proie, et en dernier lieu celui qu'il a le plus à redouter , l'homme lui-même ; de sorte que quoique le terme de sa vie soit borné à huit ans, il atteint rarement cette courte période. Pour le garantir en quelque sorte de tant d'ennemis, la nature l'a doué d'une très-grande agilité et d'un bon instinct : il use de différents moyens pour échapper aux chiens lorsqu'il est poursuivi : on l'a vu pousser un autre lièvre de son gîte et s'y coucher lui-même. Ses muscles sont formés pour l'agilité. Il a des grands yeux placés en arrière dans la tête, de manière que tout en courant il peut voir derrière lui ; ses oreilles sont d'une grandeur démesurée ; l'animal peut les remuer avec une extrème facilité : il s'en sert comme d'un gouvernail pour se diriger dans la rapidité de sa course. Les muscles du ventre sont très-forts et sans graisse, en sorte qu'il ne porte pas de fardeau superflu de chair. La longueur de ses pattes de derrière ajoute à la rapidité de ses mouvements, surtout lorsqu'il franchit quelque hauteur. L'instinct le guide à se réfugier dans des endroits où les objets environnants soient d'une couleur approchant de la sienne.

La femelle produit quatre fois par an ; sa portée est de trente jours, et ordinairement elle met bas trois ou quatre jeunes à la fois , qu'elle allaite en trois semaines , puis elle les abandonne à eux-mêmes. Cependant ils s'éloignent peu des lieux de leurs naissance. Leurs terriers occupent un même rayon à peu de distance l'un de l'autre.

Ils vont ordinairement au fourrage pendant la nuit : ils choisissent les herbes les plus tendres, et la rosée leur sert de boisson. Ils se nourrissent aussi de racines, de feuilles, de fruits et de grains; ils préfèrent les plantes dont la sève est laiteuse. Pendent l'hiver ils rongent l'écorce des arbres ; il n'y en a qu'un petit nombre qui puisse leur convenir. Quand le lièvre est apprivoisé on le nourrit de laitue et d'autres herbes potagères : mais sa chair alors n'est pas agréable; elle est insipide.

Le lièvre peut être privé , et alors c'est un animal doux et amusant. Le poëte Coppe a laissé un récit intéressant des habitudes et

des mœurs de trois lièvres qu'il avait entretenus pendant plusieurs années.

Le Lapin.

Malgré la grande conformité qui semble
exister entre le lapin et le lièvre, il règne
entre eux une telle inimitié, qu'ils se combattent avec la plus grande animosité toutes
les fois qu'ils se trouvent en présence l'un de
l'autre. Le lapin surpasse le lièvre en fécondité : il produit sept fois par an. Sa portée est
ordinairement de sept à huit jeunes à la fois.
De manière, que, dans l'espace de quatre ans,
la progéniture d'un seul couple peut se monter jusqu'à un million et demi. Leurs ennemis cependant sont si nombreux, que leur prodigieuse multiplication ne fait point tort à
l'homme. Sans parler des attaques qu'ils ont à
subir de notre part, ils servent encore de pâture à la plupart des animaux de proie. Cependant sous le règne d'Auguste ils se multipliè-
rent tellement dans les îles Baléares, que,
pour les détruire, les habitants se virent con-
traints de demander des troupes à l'em-
pereur.

Le lapin fait son terrier peu avant dans la
terre ; il y passe la plus grande partie du jour
et y fait ses petits. Prévoyant le moment de
devenir mère, la femelle élargit ses appar-
tements, prépare un lit chaud et commode
qu'elle forme avec une grande quantité de
poils qu'elle arrache de son propre corps.

Pendant les deux premiers jours, elle ne quitte pas ses jeunes, à moins d'être pressée par la faim.

Elle fait alors ses repas avec une promptitude surprenante, et retourne de suite vers ses jeunes : elle les cache au mâle dans la crainte qu'il ne les dévore; et quand elle sort, elle couvre son gîte avec un tel soin que la place est entièrement imperceptible. Quand ils sont un peu avancés, et que la mère les porte à l'entrée du terrier pour manger les végétaux qu'elle a cherchés pour eux, le mâle semble les reconnaître pour sa famille; il les prend entre ses pattes, flatte leur poil naissant, et les caresse tour à tour avec la plus grande tendresse. Les soins maternels durent près d'un mois; à l'expiration de ce temps, les jeunes sont capables de se pourvoir eux-mêmes. Les lapins se donnent l'alarme les uns aux autres en frappant le sol de leurs pieds de derrière; ce qui est entendu à une grande distance.

Le lapin domestique est de différentes couleurs : blanc, brun, noir et moucheté. Il est ordinairement plus grand que le lapin sauvage, mais sa chair n'est pas aussi bonne; elle et trop dure et plus insipide. Sa nourriture ordinaire consiste en feuilles de chou, en tiges d'épis et autres plantes succulentes; mais du foin doux et jeune mêlé avec un peu d'avoine compose son meilleur repas.

La fourrure de cette animal est surtout en

usage dans la chapellerie : on la mêle en certaine proportion avec celle du castor.

Le Furet.

Le furet, petit quadrupède d'un poil fin, au museau effilé, est un des animaux les plus sanguinaires, les plus cruels ; il mord son maître, s'apprivoise difficilement, et a cela de commun avec le tigre, qu'il fait des victimes sans faim, sans nécessité, et pour le seul plaisir de détruire. Il est l'ennemi mortel du lapin terrier, il le poursuit à outrance, et si l'animal fugitif n'a pas d'issue, il le dévore à la nuque, suce son sang, s'en enivre et s'endort dessus sa proie ; c'est pourquoi il faut avoir soin de lui faire porter une petite sonnette qui vous avertisse de sa marche et de ses mouvements souterrains. La chasse du furet au lapin terrier se fait en plaçant des bourses aux issues du terrier, puis vous lancez votre furet dans les trous ; les lapins qui sentent leur ennemi, se mettent à fuir, et se pelottent eux-mêmes dans les blouses. L'usage des chasseurs est de tenir leur furet renfermé dans un sac, et de lui limer les dents, afin qu'il ne dévore pas si facilement le gibier. S'il vient à s'endormir sur sa proie, remuez la terre avec un bâton, tirez des coups de fusil pour le réveiller, et il reparaîtra.

Cette nature de chasse est défendue à certaines époques par les ordonnances, attendu qu'elle est trop destructrice du gibier.

CHAPITRE V.

CHASSE A COURRE, A TIR ET AUX PIÉGES.
(GIBIER A POIL..)

Chasse du Cerf.

Dans la forêt indiquée, où il a été reconnu des cerfs, le veneur, la veille même du rendez-vous de chasse, choisit l'arbre le plus élevé, y monte pour découvrir au loin le terrain, les étangs, les bêtes qui sont dans les taillis; et le lendemain, après avoir tracé le théâtre sur lequel la chasse sera circonscrite, en quelque sorte, comme un général d'armée qui assigne la place du champ de bataille, il dispose et place ses relais de chiens. Alors les valets des piqueurs sont dans l'usage de frotter avec du vinaigre les naseaux du limier pour augmenter la finesse de son odorat. Les chiens lancés pour aller sur les voies, le cerf effrayé, animé par les sonneries du cor, fuit à toute course, et dans ses sauts prodigieux, il franchira quelquefois une distance de vingt pieds. Dans sa course rapide comme l'éclair, il sortira de l'enceinte tracée par le veneur, y rentrera : c'est alors au veneur à agrandir ses enceintes, tandis que son limier est dans toute son ardeur, et

que son chien poursuit le cerf par le couvert.

Les chiens ayant été découplés, c'est au
veneur à les animer de la voix et du cor ; le
piqueur, de son côté, presque toujours à côté
des chiens, en les guidant, en les aidant à ne
pas prendre le change sur les ruses du cerf
qui se fait remplacer par un autre cerf.
Souvent encore ces mêmes stratagèmes font
qu'on ne peut pas attaquer le cerf pendant
trois à quatre jours, le cerf s'étant dérobé
au milieu des taillis épais où il se cachera
sans bouger ; mais alors, un matin, de bonne
heure ; quand on s'est convaincu de la retraite du cerf, qu'on a revu le *pied* et ses
fumées, on fait le plus grand silence ; et le
veneur, montant de nouveau sur un arbre, se
met à retracer une nouvelle enceinte.

Le cri des piqueurs pour les chiens, quand
le cerf a été vu, est *tayaut ;* la meute arrivée,
on la laisse passer, puis on se met à crier :
passe le cerf, passe, *ha har.* Le grand point
aussi est de faire courre toute la meute as-
semblée, quand surtout on veut forcer le
cerf. S'il part de la reposée, le veneur ne doit
point sonner pour chiens, mais crier *gare,*
gare, approche les chiens! L'art de cette superbe chasse, dans laquelle les veneurs et les
piqueurs sont en nage, ou le prince, qui
chasse à cheval et préside à tous les mouvements, est lui-même très-fatigué ; l'art, dis-je,
exige de bien ménager les chiens, de ne point

trop les mettre hors d'haleine; et dans ce cas, les faire rafraîchir avec du pain et de l'eau au hameau le plus voisin. Bref, l'expérience et le talent consistent à ne pas confondre un nouveau cerf; car, dans ce cas, il faudrait que le veneur allât à la brisée de nouveau, avec tous les piqueurs et les valets de la meute. Enfin, le superbe animal ayant épuisé toutes ses forces, gagne ordinairement l'eau : c'est dans cet élément que ses jambes se roidissent et qu'il est perdu. Alors la mort du cerf est célébrée par des fanfares; on fend son cadavre depuis la gorge jusqu'aux *dantiers,* la meute présente; on fait la curée : le limier doit avoir la tête; tous les autres chiens dévorent le cou qui leur est réservé; on leur donne aussi des morceaux de pain mêlés avec du lait chaud, pour les récompenser de toutes leurs fatigues et des dangers qu'ils ont courus. Si c'est un prince qui chasse, on lui ménagera quelquefois le plaisir périlleux de couper le jarret au cerf, quand il commence à être exténué, tandis que le piqueur lui donne un coup de couteau au défaut de l'épaule.

Chasse du Daim.

Le daim se chasse comme le cerf auquel il ressemble beaucoup; mais il est plus rusé, il perce moins, et ne se forlonge pas tant; enfin, il revient bien plus souvent sur ses voies qui

sont légères, ce qui fait que cette chasse est
très-sujette aux défauts.

Chasse du Chevreuil.

Les jeunes chevreuils se distinguent des
vieux par la tête et par les pieds : ce à quoi
il faut faire attention, c'est de remarquer si
les *meules* sont près du *tét*; si la pierrure en
est grosse, les gouttières creuses, et les per-
lures détachées : on doit aussi considérer la
grosseur du merrain, et la quantité d'andouillers qui y sont fixés : ces diverses marques
indiquent d'abord un vieux chevreuil : quant
aux jeunes, ils ont les *meules* hautes et éloignées du tét de deux doigts ; leurs pierrures
sont petites et peu détachées, ils ont peu de
gouttières, et seulement un ou deux andouillers.

Quand vous vous mettez à chasser le chevreuil, chassez toujours l'été, et ne lancez
que les mâles ; vous les reconnaîtrez facilement des chevrettes, parce qu'ils ont plus de
devant qu'elles ; le tour des pinces est plus
rond, et le pied plus plein.

Dans la chasse avec une meute, comme le
chevreuil fait beaucoup de tours dans les
taillis, il faut aussitôt mettre le limier à sa
poursuite, frapper sur les brisées, et donner
le chevreuil aux chiens de la meute, qu'on
découple sur les voies pour le lancer. Une
fois le découplement des chiens fait, on leur

crie : *bellement, mes bellots, bellement;* on les
rappelle ensuite par leurs noms, et on leur
crie encore : *velci, allé, velci, allé.* Ce second
cri est pour les forcer à donner dans la voie,
et enfin si le chevreuil vient à s'élancer dans
l'eau, vous suivrez la même marche que celle
donnée dans la chasse du cerf.

Chasse du Chamois.

Le chasse du chamois se faisant à travers
les rochers, les chiens ne peuvent être
dans ce cas d'aucun secours; il suffit donc
d'être armé d'un bon fusil dont le canon soit
un peu long, et qui porte bien sa balle, attendu que l'on est souvent dans la nécessité
de tirer de fort loin. On chasse le chamois
en se glissant derrière les buissons et rochers
de manière à pouvoir approcher le plus près
possible du chamois; on le chasse aussi à
l'affût, en se postant vers la fin de la nuit
près des endroits où l'on sait que les chamois
viennent paître. La chasse au chamois la plus
fructueuse est celle que l'on fait en se réunissant en assez grand nombre pour occuper
les défilés d'une montagne où l'on a reconnu
qu'il y a des chamois. Ces animaux marchant
par troupe, il arrive qu'un certain nombre
de chasseurs attaquent la troupe entière,
tandis que ceux qui gardent les défilés tuent
les chamois qui se dispersent pour échapper
plus facilement.

Chasse du Sanglier.

Il y a deux manières de chasser le sanglier : la première en lui déclarant une guerre franche et ouverte, en plein jour ; la seconde par surprise et au clair de lune, en investissant le fort ou les broussailles où il s'est réfugié. Il faut pour cette chasse se réunir prudemment en un certain nombre, être bien armé, avoir ses fusils chargés à balle et à deux coups, ne pas s'éloigner les uns des autres, car le sanglier seulement blessé, court sur le chasseur ; il faut aussi n'employer que de vigoureux mâtins, les chiens courants ne suffiraient pas : ayez soin encore de ne vous attaquer qu'à un vieux sanglier ; un jeune vous donnerait trop de tablature, par la raison qu'aux premières pursuites il court d'abord très-loin sans s'arrêter, au lieu qu'un vieux sanglier s'effraie bien moins, ne s'éloigne que très-peu, tient tête aux chiens en s'acculant à un chêne. L'hiver est favorable à cet exercice, attendu que sur la neige on peut suivre l'animal à la piste : l'usage, quand le sanglier est expirant, est de lui couper les *suites*, c'est-à-dire les testicules ; autrement leur odeur est si forte que dans peu d'heures tout le corps de l'animal se trouverait infecté.

Chasse du Loup.

Une antipathie singulière existe entre le loup, le chien et le cheval ; mettez un jeune louveteau dans une écurie de vingt chevaux, aussitôt tous hérissent leur crinière, dressent l'oreille, hennissent d'inquiétude et de haine, et ont de suite senti l'odeur de l'ennemi commun. Le chien fera de même : la seule odeur du loup cause sur lui les mêmes effets.

L'opinion vulgaire et le proverbe disent que *les loups ne se mangent pas entre eux.* Le proverbe a fait une erreur à cet égard : les loups, quand ils sont affamés, et qu'ils ne trouvent ni gibier, ni moutons, ni cadavres, ni volailles, se dévorent entre eux. Ayant l'odorat très-fin, ils suivent les armées, s'approchent pendant la nuit des champs de bataille, et font une curée épouvantable de chair humaine. Dans les Alpes, dans les Pyrénées, ils vont quelquefois, pendant l'hiver, par bandes de trois cents, attaquent le voyageur isolé, le dévorent lui et son cheval, et vont ensuite faire retentir les monts de leurs hurlements affreux. Sa peau seule est bonne ; on en fait des fourrures.

Chasse du Loup au fusil.

A bien considérer cette manière de chasser le loup, elle est plutôt une ruse, une surprise, telles que celles dont on se sert à l'af-

fût, qu'une chasse ouverte. D'abord, vous
prenez un chat, vous le tuez, vous l'écor-
chez, vous le faites rôtir dans un four, vous
le frottez de miel, puis vous le traînez dans
les lieux où vous supposez qu'il y a des loups,
et vous vous cachez à l'affût dans un endroit favorable ; l'odeur ne manque pas de
les attirer, et vous les tirez de votre retraite.

Chasse du Loup au chien courant et au lévrier.

Commencez par habituer ces chiens à attaquer les *louveteaux* qu'on va chercher dans
leur enceinte, et faites-y entrer quelques
vieux chiens pour les encourager : le printemps
ou l'été sont les saisons les plus avantageu-
ses ; en août, par exemple, les louves mettent bas, et son conséquemment moins vigou-
reuses, plus faciles à fatiguer.—On a parlé
de la *fosse aux loups :* donnons-en ici l'expli-
cation. Elle doit être de quatorze à quinze
pieds de profondeur, et six d'ouverture, sur
laquelle vous placez une petite poutre, fortement fixée, entourée au niveau de la terre,
avec deux piquets qui en traversent l'extrémité, pour soutenir un plateau de sept pouces de diamètre, qui fait bascule, et sur lequel on met de la paille et un *canard* arrêté
à la patte par un œillet de fer. Dans l'épaisseur du plateau on devra pratiquer des trous
à un pouce de distance, dans lesquels on in-

sère des baguettes de bois, le tout recouvert de paille. Ce piége se tend en hiver.

Moyen employé pour attirer les Loups.

Cette méthode est simple : prenez de la graisse d'âne, gros comme deux œufs, et autant de terre d'argile; faites cuire le tout ensemble, jusqu'à ce que cela soit bien roux, et mettez-le dans une poche de linge; vous attacherez ensuite une *louve* privée ou sauvage, au milieu d'un bois, en suspendant la poche à six pieds au-dessus d'elle; la *louve* se voyant seule ne cesse de regarder l'appât et de hurler toute la nuit; les *loups* qui sont aux environs y accourent avec une si grande rapidité, qu'ils se précipitent dans les piéges dont on a eu soin d'entourer l'animal; alors vous en faites une grande capture.

Manière de prendre les Loups à l'hameçon.

Faites faire exprès des hameçons assez forts et très aigus; attachez-les chacun à une corde de la grosseur d'un doigt; accrochez un morceau de chair gâtée, corrompue, à vos hameçons, pendez-les ensuite à un arbre, de manière que le loup puisse y atteindre en se levant un peu, et happer l'appât. En multipliant les hameçons on pourrait en prendre plusieurs en même temps, et tirer les loups de ses fenêtres, étant dans une maison de campagne.

10.

Chasse du Renard.

La façon la plus agréable et à la fois la plus
sûre de chasser le renard est de boucher les
terriers. On place les tireurs à portée ; on
quête alors avec des briquets ; dès qu'ils sont
tombés sur la voie, le renard gagne son gîte,
mais en arrivant il essuie une première décharge ; s'il échappe à la balle, il fuit de toute
sa vitesse, fait un grand tour et revient encore à son terrier : c'est alors qu'on le tire
une seconde fois. — Son odeur étant, comme
nous l'avons dit, extrêmement forte et désagréable, on prétend qu'il imbibe sa queue
touffue de ses urines, pour en asperger les
yeux des chiens. Est-il blessé à ne plus pouvoir bouger ; alors il contrefait le mort, jusqu'à ce que le chasseur venant pour le prendre, il lui saute au visage, le déchire de ses
dents, et fait ainsi payer cher sa vie à celui
qui vient de la lui ôter.

Malgré toutes ses finesses, il y a beaucoup
de moyens de prendre le renard. D'abord on
peut le *fumer*. Voici comme on s'y prend. On
se procure des mèches de coton assez grosses,
que l'on imbibe d'huile de soufre, où l'on
répand du verre pilé, puis, pendant qu'elles
sont chaudes, on les saupoudre d'arsenic
jaune : après ce premier préparatif, on compose une pâte molle et bien délayée de grosse
poudre et de vinaigre, dans laquelle pâte on
roulera bien les mèches, puis, enfin, on met

tremper pendant un jour des morceaux de linge grossier dans l'urine, avec lesquels ou enveloppe chaque mèche. Quand on est muni de cet appareil, on va au terrier du renard, et on en ferme bien toutes les *gueules* avec des panneaux ou bourses, à l'exception d'une seule ouverture du terrier par laquelle ou introduit plusieurs mèches qu'on allume de manière à ce que le vent jette l'épaisse fumée qui s'en exhale dans le fond de la retraite du renard. De cette manière l'animal, se trouvant suffoqué, se met à fuir, et se jette de lui-même dans un panneau. — On empoisonne encore le renard avec des gobes composées de noix vomique, de verre pilé; le tout introduit dans des morceaux de boyaux de mouton. Placez ces gobes dans la forêt, elles éveillent singulièrement l'odorat du renard; au bout de vingt-quatre heures, vous le trouverez indubitablement mort à quelques pas de vos amorces.

Chasse du Blaireau.

On prend les blaireaux au traquenard (voy plus haut, la description de ce piége), ou au collet comme les lièvres et les lapins; on peut aussi les fumer dans leurs terriers, en procédant de la même manière que pour les renards; mais la chasse du blaireau la plus agréable est celle dite *à la fourche et à la nuit ;* voici comment elle se pratique : plusieurs chasseurs s'étant réunis au commencement de l'hiver, vers la fin du jour, l'un d'entre eux s'arme d'une fourche ; les autres ne doivent avoir que des lanternes et des bâtons : il suffit que cette compagnie de chasseurs ait un chien courant et deux bassets.

Arrivés dans le lieu où ils savent qu'il se trouve des blaireaux, les chasseurs lâchent le chien courant qui ne tarde pas à être sur la voie ; alors on découple les bassets, et on rappelle le chien courant. Les bassets ne tardent pas à atteindre le blaireau, mais ce dernier se défend vigoureusement ; alors, celui des chasseurs qui porte une fourche l'appuie sur le cou de l'animal de manière à le tenir pour ainsi dire cloué sur le sol, et les autres le tuent avec leurs bâtons, ou bien le prennent vivant en lui enfonçant dans la mâchoire un crochet de fer en forme d'hameçon.

Chasse de la Loutre.

La loutre se défie sans cesse des piéges que l'on peut lui tendre, et est très-vigilante à s'en garantir. Pour la chasser, il faut des bassets qui nagent bien. Vous allez d'abord *guetter* autour des étangs ou rivières où vous présumez qu'il y en a, mais en ayant soin d'en remonter le cours, et vous battez les lieux où vous pensez que la loutre a pu se gîter. Quand on est plusieurs chasseurs ensemble, et qu'on se divise sur plusieurs points

à la fois, la chasse n'en est que plus fructueuse et plus amusante.

Chasse du Lièvre.

On serait tenté de croire que le lièvre a
encore plus d'instinct pour se sauver que le
chien n'en a pour le poursuivre. Est-il vieux,
a-t-il été chassé plusieurs fois par les chiens
courants, c'est alors qu'il déploie toute sa
finesse. Rarement il sort de son gîte, à moins
qu'on ne le fasse lever. Aussitôt qu'il entend
la voix des chiens, il cherche les terrains sablonneux et secs, afin d'en faire voler la
poussière, et de faire perdre aux chiens l'o-
deur de ses émanations. Il emporte aussi le
plus de terre qu'il peut à ses pieds, quand il
a plu, afin que le flair du chien ne puisse
retrouver la piste, l'empreinte de ses pieds
n'existant plus. De même que le cerf, il fera
partir de son gîte, à sa place, un jeune
lièvre qu'il a battu; il se cachera parmi des
vaches, dans un troupeau de moutons; ces
derniers, poursuivis par les chiens qui le cherchent, venant à fuir, les traces du lièvre se
trouvent confondues et méconnaissables. Il
va, dans son effroi, jusqu'à monter sur le
toit de quelque chaumière, et ainsi que le
chevreuil il fera un saut considérable de la
place qu'il quitte à celle qu'il a atteinte, afin
de ne laisser aucun vestige, aucune vapeur
de ses corpuscules. Le lièvre est encore ex-

cellent nageur, dans ses ruses multipliées il
ira jusqu'à traverser vingt fois de suite la
même rivière ; cependant avec tous ces dé-
tours, qu'au bout de trois ou quatre ans
d'expérience le chasseur a bientôt connus, il
finit toujours par tomber victime de l'adresse
et de la patience de l'homme, dont le génie
n'a point de bornes, tandis que l'instinct des
animaux en a de très-étroites, qui sont toujours uniformes.

Le printemps est la saison la plus favorable à la chasse du lièvre ; dans l'hiver, il faut
choisir des terrains secs, sablonneux, et vers
midi, heure à laquelle le soleil les aura un
peu échauffés de ses rayons ; mais il faut s'en
abstenir dans un dégel ou des pluies abondantes, parce que alors les chiens courent,
s'exténuent presque toujours sans vous rien
faire prendre. D'un autre côté, cet animal se
tient en été dans les champs, en automne dans
les vignes, et en hiver dans les buissons ; on
peut, en ce temps, sans le tirer, le forcer à
la course avec des chiens courants.

Chasse du Lièvre aux chiens courants.

Du moment qu'on est parvenu à faire lever
le lièvre de son gîte, les chasseurs doivent
battre avec une petite baguette toutes les
haies et buissons dans lesquels il a pu se
blottir ; si vous avez des chiens jeunes, no-
vices à la chasse, et de vieux chiens expéri-

mentés, vous devez d'abord lancer ces derniers après le gibier, ils serviront alors de
guides aux jeunes. Si vous avez à les rappel-
ler, vous criez alors : *à moi, chiens, Tiébaut!*
— Le cor seconde cet appel par mots entre-
coupés, et le premier du son grêle. Le soin
d'un chasseur est encore d'empêcher qu'un
chien trop ardent ne dépasse les autres ; dans
cette supposition il crie : *derrière !* Le lièvre
a-t-il cherché à faire prendre le change,
c'est-à-dire à faire partir un autre lièvre à sa
place, c'est là le cas de donner du cor pour
rassembler toute la meute, et relever *le défaut ;* ce qui consiste à faire reprendre à tous
les chiens les voies du lièvre déjà poursuivi,
sans se fatiguer et s'égarer sur les traces
d'un autre. Évitez surtout d'entrer en chasse
dans des terres boueuses ou trop sèches ; car
le lièvre alors, comme je l'ai déjà dit, s'attache aux pieds de la terre grasse ou fait
voler exprès la poussière, afin de dérober les
vapeurs de sa course et sa propre odeur à
ses ennemis ; mais pour que vos chiens aient
un flair plus prompt, plus subtil, et que le
lièvre chassé sème davantage d'émanations
qui le trahissent, faites le courir le plus possible sur un terrain de gazons, parmi des
herbages, des arbustes fleuris, où son passage se fera bien plus sentir des chiens dont
le flair est alors abondamment fourni de
beaucoup plus d'exhalaisons du lièvre.

S'il arrivait, par exemple, que le lièvre,

comme on l'a vu souvent, se fût réfugié dans
un trou de renard ou de blaireau, ce dont
les chiens ne manqueront pas de vous avertir, coupez, dans ce cas, une branche d'é-
glantier, faites-la entrer à rebours dans le
trou du renard ou du blaireau et agitez-la,
les épines de cet arbrisseau s'embarrassent
bientôt dans le poil de l'animal, s'y fixent,
entrent même dans sa peau, et on parvient
aisément à le sortir de sa retraite.

Une fois le lièvre forcé et pris, l'usage est
d'en faire faire la curée aux chiens, comme
cela se pratique pour le cerf, à peu près. On
leur jette donc le corps, après avoir levé les
cuisses et les épaules; on leur donne du pain
trempé dans le sang de l'animal, le tout en
sonnant le grêle et le gros ton.

Chasse du Lièvre au fusil.

Peu de personnes ayant les moyens d'entretenir une meute, il faut recourir au fusil :
un chien *basset* alors vous en fait tout l'of-
fice. Habile à connaître les voies, à sentir
toutes les émanations du lièvre, vous le laissez quêter devant vous, en observant soigneusement ses moindres mouvements : sitôt
que son œil, son regard, sa lenteur à marcher, vous avertit qu'il a senti quelque
chose, vous vous disposez à ajuster, et vous
faites feu aussitôt que l'animal s'élance pour
se sauver. Il est d'ailleurs facile de recon-

naître qu'un lièvre est gîté, surtout quand il
fait froid, car son haleine trahit son immo-
bilité : vous voyez sur la surface de l'endroit
où il s'est bloti une légère fumée qui pro-
vient de son haleine. Il arrivera quelquefois
encore que le lièvre, qui voit à droite et à
gauche plus qu'à un horizon droit, viendra
à vous dans un sillon à l'extrémité duquel
vous serez; c'est alors de faire beaucoup de
silence, et de bien ajuster à une bonne portée sans se précipiter. L'animal s'approchera
encore de vous de très-près si vous êtes em-
busqué derrière un arbre; il se lève sur ses
pieds de derrière, interroge les lieux, surtout quand on fait des battues derrière lui
avec de grandes baguettes, il vous est alors
très-facile de le tirer presque à coup sûr.
Quant au lièvre que vous apercevez au gîte,
ne marchez jamais droit dessus, mais appro-
chez-le en le tournant obliquement, et tout
en marchant, vous pouvez le mettre en joue
et le tirer. Cette chasse est la plus générale;
elle exige peu de frais, amuse l'esprit, exerce
le corps, et est plus flatteuse pour le chasseur
que le procédé des piéges, des collets, des
panneaux : elle lui laisse tout entier l'honneur de son adresse.

Manière de chasser le Lièvre à l'affût.

On appelle *affût* l'endroit où le chasseur
ou le braconnier s'embusque pour guetter

pendant le jour ou la nuit; mais il faut être
doué d'un vigoureux tempérament pour faire
ce rude métier, et surtout partagé d'une
forte dose de patience ; car le gibier n'est
pas toujours aussi exact au rendez-vous qu'un
amant auprès de sa maîtresse : il faut donc
se résigner d'avance à souffrir le chaud, le
froid, la neige ou la pluie, et, pour être à l'a-
bri des incursions des bêtes féroces, choisir
un arbre où il soit facile de grimper en cas de
danger pressant. C'est sur la lisière d'un bois
ou d'une forêt que l'affût est en général assez
avantageux. Vous y allez après le soleil couché, vous y restez jusqu'à la nuit tombante,
et le matin, au crépuscule du jour, ou l'hiver sur la neige, vous voyez accourir les *lièvres*
et d'autres animaux qui s'échappent du bois
pour aller chercher leur nourriture dans les
champs. Le gibier, qui n'est épouvanté par
aucun objet, sautille, se joue sur la pelouse;
ainsi le chasseur peut le laisser approcher
sans craindre de manquer sa proie, et le mettre tranquillement en joue à belle portée, en
ayant soin pourtant de faire un petit bruit avec
la voix, pour que le gibier inquiet, venant à
se fixer, à interroger les lieux de ses regrds,
il ait tout le temps de le tirer à son aise ; c'est
ce que les braconniers appellent *piquer un lièvre*. L'affût n'est praticable que depuis avril
jusqu'en septembre. On peut de même aller
à l'affût pour d'autres animaux, tels que le
renard, le sanglier, le lapin, le loup; mais

alors, comme il y a quelque péril, il faut se munir d'un couteau de chasse, d'un fusil à deux coups, et s'assurer surtout d'un bon re-fuge sur un arbre.

Procédé pour chasser le Lièvre au collet.

Cette ruse est bien ancienne, car Plutarque en attribue l'invention à Aristée, qui, dit-il, prenait le gibier à ce genre de piége; ainsi, transmise d'âge en âge, tous les gens de la campagne surtout la connaissent et s'en ser-vent. Voici comment il faut s'y prendre: vous remarquez d'abord, en parcourant les haies, ce qu'on appelle les *passées,* c'est-à-dire les endroits où le lièvre en passant a laissé de son poil, et où il est dans l'habitude de passer souvent. Quand vous en êtes bien sûr, vous prenez du blé vert ou du serpolet, afin de teindre en vert vos collets, dont la couleur se mêlant à celles des haies ne donne plus de soupçons à l'animal: ces collets sont ordinai-rement de fer ou de laiton, ou bien de filet de cordes avec un nœud coulant. Placés à la hauteur des jambes du *lièvre,* il ne peut pas-ser sans y mettre la tête, et se prend davan-tage à mesure qu'il se débat. L'artifice peut encore avoir lieu en plaçant le collet sur deux petits bâtons fourchus, en supposant toute-fois que le passage n'est point à la hauteur qu'on désire.

Chasse du Lapin.

D'après l'opinion générale des chasseurs, le lapin court avec une rapidité extrême, et bien plus vite que le lièvre. Le poursuit-on, il se *terre*. Sa marche est par petits sauts et par petits bonds : une de ses ruses est de fermer son terrier avec du sable.

Chasse du Lapin au fusil.

Le premier soin du chasseur dans ce cas est, dans un bois ou une garenne où il sait qu'il y a des lapins, de boucher d'abord les ouvertures de tous les terriers qu'il apercevra ; puis lui-même se plaçant sur un terrain favorable à ses desseins, il fait partir un chien basset, bien dressé, qui met d'abord le gibier aux abois. Le premier mouvement du lapin est de chercher son terrier ; mais le trouvant bouché, il reste à la disposition du chasseur et sous son coup de fusil. Il peut donc avec un fusil à deux coups faire une chasse très-heureuse. Quant à la manière de tuer des lapins à l'affût, c'est le même procédé que celui que nous avons longuement expliqué pour le lièvre et autres animaux.

Chasse du Lapin au furet.

En France, en Espagne, en Allemagne, on chasse le lapin au furet depuis un grand nombre d'années : ce petit animal est un quadrupède qui a la taille d'une belette, et qui est l'ennemi né du lapin. On parvient à l'apprivoiser, à le dresser parfaitement : on lui lime les dents, afin qu'il fasse moins de mal au lapin dont il a la passion de sucer le sang à la nuque, et même jusqu'à l'ivresse ; ce qui arrive souvent : dans ce cas, tirez des coups de fusil pour le réveiller, creusez avec un pieu, découvrez le terrier jusqu'à ce que vous l'ayez retrouvé. L'usage des chasseurs est de le porter dans un sac avec de la paille pour le coucher, et de lui attacher une petite sonnette au cou, afin de pouvoir l'entendre dans toutes ses démarches souterraines. Il est sans doute, au premier coup d'œil, affreux en philosophie d'ajouter à son habileté à régner sur tous les animaux la haine d'un ennemi tel que le furet, et Jean-Jacques n'a pas manqué de se récrier contre cette cruelle perfidie, mais il est convenu depuis longtemps que la loi du plus fort est toujours la meilleure ; ainsi laissons-là les récréminations oiseuses.

A cette chasse, vous mettez avant tout un basset en campagne qui, effrayant les lapins, les porte à se *terrer* de suite ; aussitôt après, vous attachez votre chien, vous fixez, avec des petits piquets, des bourses ou poches à chaque trou du terrier ; les lapins, poursuivis par le furet, s'y précipitent, s'y pelottent, et vous en prendrez un grand nombre. On passe des moments fort agréables dans cette exercice, d'autant plus que le succès est prompt, et que votre proie succombe en peu d'instants et sans vous causer la moindre fatigue.

Chasse du Lapin à l'écrevisse.

Le lecteur qui n'a aucune connaissance de la chasse ne pourra s'empêcher de rire au premier abord : *prendre un lapin avec une écrevisse !* dira-t-il : *cela est vraiment comique !* — C'est pourtant l'exacte vérité ; et quand l'homme veut à toute force atteindre sa proie, il sait coaliser entre eux les éléments les plus contraires, les règnes les plus opposés de la nature. Voici la manière dont il faut s'y prendre : vous placerez d'abord des bourses tendues aux extrémités ainsi qu'aux diverses ouvertures du terrier ; puis vous introduirez, par une de ces ouverture, l'écrevisse qui se glisse lentement, à reculons, au fond de la retraite du lapin, le pique et s'y attache avec tant de force et de ténacité, que l'animal craintif, toujours disposé à fuir au moindre événement, va se précipiter dans les bourses, où il tombe à votre entière discrétion.

Chasse du Lapin, à l'appeau, au collet, à la fumée.

1° *A l'appeau* : les Espagnols, dans la Vieille et la Nouvelle-Castille, sont très-partisans de cette chasse, qu'ils pratiquent avec beaucoup d'intelligence : d'abord disons comment se fait cet appeau. On prend un petit tuyau de paille que l'on arrange en forme de sifflet, ou bien une feuille de chiendent, de chêne vert, ou encore une pellicule d'ail qui se pose entre les lèvres, et qui, en soufflant et en pinçant les lèvres, produit un son vif, aigu, parfaitment semblaple à celui du lapin lorsqu'il folàtre dans le bois : c'est ce qu'on peut appeler *piper* le lapin. Tel est le premier manége que doit suivre le chasseur; ensuite il s'engage dans une forêt où il suppose du gibier, par un temps gris et chargé de nuages; il faut qu'il choisisse, pour ce genre de chasse, les mois de mars, avril, mai et juin, et depuis dix heures du matin jusqu'à neuf heures de l'après-midi : c'est une heure assez favorable. Quand le chasseur se trouve au fort du bois, il tient caché le plus possible son fusil sous le bras, puis, s'arrêtant de temps en temps, il se met à piper, en se couchant lui-même de son mieux derrière le tronc d'un arbre, de manière à n'être nullement aperçu, et cependant à pouvoir observer tout ce qui se passe autour de lui. La place d'un terrain un peu large, telles que celles où plusieurs routes viennent se croiser dans le bois, est naturellement plus avantageuse qu'aucune autre, attendu que sur ce théâtre ou peut découvrir à plusieurs horizons. Il faut que le premier coup d'appeau se prolonge au moins pendant deux minutes, puis faire silence si le gibier approche : s'il ne vient rien, après une pause on recommence à piper, jusqu'à ce qu'il paraisse des lapins qu'on puisse mettre en joue.

Cette chasse procure beaucoup d'agrément, attendu que la ruse qu'on emploie a l'air d'un enchantement, de quelque puissance magique, qui fait accourir vers vous comme par un charme irrésistible, lapins, lapereaux, mâles et femelles, et même les petits qui viennent en gambadant au son de votre instrument enchanteur.

2° *Au collet.* C'est à peu près le même procédé que pour le lièvre, procédé que nous avons déjà expliqué. Le collet pour le lapin se fait de fil de fer ou de laiton, avec un nœud coulant; on aura soin de le frotter du genet ou du serpolet; puis on le tendra alentour des haies et des fortes charmilles.

3° Et enfin, *à la fumée.* A défaut de furet, genre de chasse que tout le monde n'est pas en état de pratiquer, vous vous procurerez du soufre et de la poudre d'orpin que vous brûlerez dans du parchemin ou du drap, et que vous placerez ensuite alentour du trou

du lapin , de manière surtout à ce que le coup
de vent fasse plonger la fumée dans le trou
du terrier : l'animal effrayé , suffoqué , se
précipite aussitôt à l'autre extrémité de son
terrier , mais comme vous devez avoir eu
soin , avant tout , d'y fixer des bourses ou
poches , il s'y trouve pris et roulé par la
violence de sa course , et vous n'avez vraiment qu'à vous baisser pour saisir votre proie.

Les Garennes.

On appelle garennes les lieux destinés à
la nourriture des lapins. On en distingue de
deux espèces : les garennes *ouvertes* et les garennes *fermées.* Nous en parlerons dans notre
chapitre des lois et règlements.

CHAPITRE VI.

CHASSE AU FUSIL, AUX FILETS, ETC. (GIBIER A PLUMES), AVEC DES NOTIONS SUR LES HABITUDES DES DIFFÉRENTS OISEAUX.

L'*Aigrette*.

L'aigrette est une variété du héron; sa longueur est d'un pied et demi environ. On la reconnaît à une touffe de longues plumes qu'elle porte sur les épaules, et à laquelle elle doit son nom. Cet oiseau a l'oreille très-fine, ce qui fait qu'on ne peut l'approcher facilement. Pour parvenir à la tirer de près, on se sert de la *vache artificielle* (voir au chapitre des *pièges et engins*).

L'*Alouette*.

L'alouette, le cujelier et la farlouse se distinguent de tous les autres oiseaux par la longueur de leurs ongles postérieurs, qui est presque droite, par leurs narines arrondies, à demi recouvertes, cartilagineuses et fendues à la pointe.

Le chant de l'alouette commence dès le printemps et se prolonge pendant tout l'été; elle salue exactement le jour à son réveil et à son couchant. Elle s'élève à une telle hauteur, que sa voix nous enchante souvent sans que notre vue puisse la découvrir. Elle appartient au petit nombre d'oiseaux qui peuvent soutenir leur chant en volant. Elle ne chante pas à terre ; elle ne se perche jamais sur les arbres.

La femelle place son nid entre deux mottes de terre, et prend les plus grands soins pour les soustraire à la vue d'étrangers. Elle pond quatre ou cinq œufs d'une teinte sombre. Quand sa petite famille est bien venue, elle les emmène, vole à leur tête, dirige leurs mouvements, et les surveille avec la plus douce vigilance. Au reste cet instinct, qui porte cet oiseau à élever et à soigner une couvée, se déclare quelquefois de très-bonne heure, même avant le temps d'être mère.

L'alouette s'apprivoise facilement : elle devient bientôt assez familière pour venir manger sur la table, et se reposer sur la main.

L'alouette *pipi* est la plus petite de l'espèce, le dessus du corps est d'un brun verdâtre varié ; le dessous est d'un blanc jaunâtre, moucheté irrégulièrement sur le ventre et sur le cou. C'est un oiseau très-sauvage : il niche dans des places solitaires.

La chasse aux alouettes n'est fructueuse que depuis la fin du mois de septembre jusqu'au milieu du mois de février ; la chasse au miroir est la plus commune, la plus facile et la plus productive. (Voyez *miroir à alouettes,*

au chapitre *des piéges, filets, engins.*) Ce miroir
s'emploie, soit que l'on chasse l'alouette au
fusil ou au filet; on emploie aussi l'appeau
et les moquettes pour les attirer. On chasse
aussi les alouettes aux collets, qui doivent
être faits avec du crin de cheval; et, sans le
secours du miroir, on peut en prendre un
très-grand nombre avec plusieurs espèces de
filets, et particulièrement avec celui nommé
traîneau. Les gluaux peuvent aussi être employés avec succès.

L'Alouette de mer.

Cet oiseau, qui a environ six pouces de longueur, se trouve sur presque toutes les côtes
de France, et particulièrement sur celles de
la Bretagne. Elle s'avance aussi quelquefois
dans l'intérieur des terres en remontant les
fleuves, et alors il est facile de l'approcher
de très-près si l'on est en bateau; mais il
n'en est pas de même si l'on est à terre, et
il est alors très difficile d'en approcher à une
portée convenable. On peut aussi prendre
l'alouette au filet que l'on tend sur le bord
de l'eau dans un lieu que l'on sait être fréquenté par cet oiseau; mais le plus sûr moyen
de faire une chasse fructueuse est de se
mettre, vers la fin du jour, à certains endroits
où des pointes de terre s'avancent dans le
fleuve, et d'attendre l'alouette au passage.

L'Avocette.

Cet oiseau, qui fréquente particulièrement les côtes du nord de la France, a un pied et demi de longueur; son bec est recourbé et ressemble assez à une pipe à fumer, ce qui a fait donner à l'avocette, dans quelques contrée, le nom de *pipe*. L'avocette se chasse comme l'alouette de mer.

La Bartavelle.

La bartavelle, que l'on nomme aussi perdrix grecque, est deux fois aussi grosse que la perdrix rouge, à laquelle, du reste, elle ressemble beaucoup; ses habitudes sont les mêmes, et elle se chasse de la même manière.

La Bécasse.

La bécasse passe l'été dans la Norwège, la Suède, la Laponie et d'autres pays du nord : elle y niche; dès que la température commence à se refroidir, elle se met en route et se dirige vers des contrées plus méridionales. Quelques individus se montrent dès le mois d'octobre, mais les grands corps n'arrivent qu'en novembre ou décembre. On les voit très-fatigués de leur long voyage. La plus grande partie nous quittent à la fin de février ou au commencement de mars, après l'appariement : les vents contraires les arrêtent quelquefois, et retardent leur retour. Depuis quelque temps les bécasses sont plus rares en Angleterre : leurs œufs seraient-ils devenus un objet de luxe pour les Suédois ?

La bécasse est presque aussi grosse qu'un pigeon ; son bec a près de trois pouces de long. La couronne de la tête et le derrière du cou sont rayés de noir ; une bande de la même couleur passe du bec aux yeux. Elle fait un grand bruit en déployant ses ailes ; son vol est fort rapide, mais elle ne s'élève pas beaucoup, et ne se tient pas longtemps dans l'air ; elle descend avec une telle précipitation, que l'on croirait voir tomber une pierre d'une certaine hauteur. Dans un bois peuplé de hauts arbres, elle file assez droit ; mais dans les taillis, elle est souvent obligée de se détourner, et de se jeter derrière un buisson, pour se soustraire à la vue de l'oiseleur.

Elle se nourrit principalement de vers et d'insectes qu'elle retire de la vase au moyen de son long bec. Sa chair est généralement estimée.

Les bécasses sont assez abondantes dans nos bois et nos plaines, où elles arrivent vers le milieu d'octobre, et d'où elles partent au mois de mars. On chasse la bécasse avec plusieurs sortes de filets tels que *l'araignée* (voir au chapitre *des piéges et engins*) ; mais on la chasse plus ordinairement au chien d'arrêt, ce qui est d'autant plus convenable qu'elle part très-près du chasseur, vole bruyamment, et s'élève peu. On la tire, autant que possible, au cul-levé.

La Bécassine.

Les bécassines sont des oiseaux de passage : on suppose qu'elles font leur ponte en Suisse et en Allemagne : elles nous visitent en automne et nous quittent au printemps. Quelques-unes passent avec nous l'année entière, et se construisent un nid de gazon et de plumes dans les parties les plus inaccessibles des marais. La petite bécassine ou la sourde est une variété de l'espèce. Elles se nourrissent principalement de petits vers, de limaçons et des larves des insectes. Durant la saison des pontes, elles se tiennent sur les marais, et font entendre un certain bourdonnement assez agréable. La délicatesse de leur chair est justement estimée.

Depuis la pointe du bec jusqu'à celle de la queue, la bécassine a environ dix pouces de longueur ; la tête est divisée par deux raies longitudinales noires, et trois rougeâtres ; dont une passe sur le sommet, et deux au-dessus des yeux ; le cou est varié de brun et de rougeâtre, les scapulaires sont tachetés de noir et de jaune ; les pennes des ailes sont noirâtres ; les bords des premières et l'extrémité des secondaires sont blancs ; ces dernières et le dos sont rayés de noir et de rouge pâle ; la poitrine et le ventre sont blancs ; les couvertures de la queue sont larges, d'un brun rougeâtre, et la couvrent en entier lorsqu'elle est pliée. Cette queue est composée de quatorze pennes noires avec des raies transversales d'un orange foncé ; le bas-ventre est d'un jaune terne ; le bec est noir à la pointe, il a près de trois pouces de long ; la langue est aiguë, et les yeux sont couleur de noisette. Les pieds sont d'un vert pâle, les doigts très-longs, et les serres noires.

La petite bécassine a le vol plus doux et plus régulier que l'espèce commune ; les chasseurs français lui ont donné le nom de sourde, parce qu'il faut presque marcher sur elle pour la faire lever.

On peut prendre les bécassines au traîneau (voir au chapitre des *piéges, filets, etc.*) ; on en prend aussi au collet de crin ; mais le meilleur est de les chasser au chien d'arrêt, et de les tirer au cul-levé.

Le Bihoreau.

Le bihoreau, que l'on appelle aussi *corbeau de nuit*, est un oiseau de marais qui se trouve dans quelques contrées de la France, mais particulièrement dans la Bretagne ; sa longueur est d'un peu plus d'un pied et demi : on le connaît à une longue aigrette, composée de deux plumes, qui lui retombe sur le dos. On le chasse au chien braque et au chien d'arrêt ; cette dernière méthode est la meilleure, attendu que le bihoreau lève de près.

Le Blongios.

C'est une variété du héron ; on le trouve au printemps dans presque toute la France, sur le bord des rivières, et dans les marais où les herbes qui sont assez hautes pour le cacher. On le chasse au chien d'arrêt ; et c'est la meilleure manière, attendu qu'il lève de très près.

Le Butor.

Le butor est plus petit que le héron : il a le bec plus mince et moins large ; sa bouche s'ouvre dans une telle expansion, que les yeux semblent comme fixés dans le bec. Les plumes forment une sorte de huppe à la partie postérieure de la tête ; la couronne est noire. Le plumage en général est d'un jaune pâle, nuancé de noir ; quelques parties des ailes sont d'un roux clair, barré de noir. Les plumes sous la poitrine sont longues, larges et flottantes ; la queue est très-courte ; les jambes sont d'un vert pâle ; les ongles sont longs, et celui du milieu est crochu.

Le butor appartient à différentes parties de l'Europe. Il change de demeure en automne, et commence toujours ses voyages au couchant du soleil.

Lorsqu'il est blessé par le chasseur, cet oiseau fait souvent une forte résistance : il ne se retire pas, il attend son ennemi, lui porte dans les jambes des coups de bec si violents qu'ils pénètrent dans la chair à travers les bottines, et quelquefois il se jette sur le dos, comme les oiseaux de proie, et combat en même temps de ses ongles et de son bec. Il prend ordinairement cette position, lorsqu'il est surpris par les chiens; sa défense alors est si vigoureuse que ses assaillants sont forcés de battre en retraite. Il ne s'envole pas à la vue d'un oiseau de proie; il lui oppose le bout aigu de son bec et l'oblige à se retirer, le plus souvent après l'avoir fortement blessé. Dans ses combats, il s'attache principalement aux yeux de son adversaire.

Sa chair a presque la saveur du lapin : elle n'est pas moins recherchée sur les tables modernes qu'autrefois.

Cet oiseau se chasse au chien d'arrêt.

La Caille.

La caille ressemble beaucoup à la perdrix, mais elle est plus petite de moitié.

Les plumes de la tête sont noires, bordées de brun; la poitrine est d'un rouge jaunâtre, mêlé de noir; et le plumage du dos est marqué de lignes d'un jaune pâle. Dans son caractère et ses mœurs, elle ressemble à la perdrix : la femelle fait son nid de la même manière; elle pond six à sept œufs d'une couleur grise, avec des taches brunes. Ils sont éclos au bout de trois semaines.

Les cailles sont des oiseaux de passage, et se trouvent par toute l'Europe. En automne, on les voit par bandes immenses traverser la Méditerranée, passer de l'Europe aux côtes d'Afrique ; elles reviennent au printemps, et descendent alors dans quelques-unes des îles de l'Archipel. Dans le royaume de Naples et sur les côtes de la Provence, on en a remarqué une telle quantité que dans l'espace de près de deux à trois lieues, on en a pris plus de cent mille.

Les cailles sont très irascibles et très courageuses ; leurs querelles se terminent souvent par l'entière destruction de l'un et de l'autre parti. Les Grecs et les Romains les mutilaient, comme nous faisons à l'égard des coqs. Cette coutume barbare existe encore aujourd'hui dans quelque partie de l'Italie et dans la Chine.

La caille se chasse de la même manière que la perdrix, soit au chien d'arrêt, soit au filet.

Le Canard sauvage.

Le canard sauvage, souche du canard domestique, se tient dans les marais, et l'on en prend une grande quantité dans certaines contrées. Cet animal ne manque pourtant pas de précautions pour se garantir des embûches de l'homme. Il dépose ses œufs sur des arbres élevés, et porte ses petits à l'eau par le bec.

On chasse le canard sauvage au filet tels que la nasse, l'araignée (voir le chapitre des *piéges et filets*). Nous empruntons au nouveau dictionnaire d'*Histoire naturelle* la description de la chasse à la nasse, telle qu'elle se pratique sur l'étang d'Arminvilliers, et celle de la chasse à la canardière, telle qu'on la fait en Hollande.

« Sur un des côtés de cet étang qu'ombragent des roseaux, et que borde un petit bois, l'eau forme une anse enfoncée dans le bocage, et comme un petit port ombragé où règne toujours le calme : de ce port, on a dérivé des canaux qui pénètrent dans l'intérieur du bois, non pas en ligne droite mais en arcs sinueux. Ces canaux, nommés *cornes,* assez larges et profonds à leur embouchure dans l'anse, vont en se rétrécissant et diminuant de largeur et de profondeur à mesure qu'ils s'enfoncent dans le bois, où ils finissent par un prolongement en pointe et tout à fait à sec. Le canal, à peu près à la moitié de la longueur, est recouvert d'un filet en berceau, d'abord assez large et élevé, mais qui se resserre et s'abaisse à mesure que le canal se rétrécit, et finit à la pointe en une nasse profonde qui se ferme en poche. Tel est le grand piége où des troupes nombreuses de canards, mêlés de rougets, de garrots et de sarcelles, viennent s'abattre sur l'étang dès le milieu d'octobre. Mais pour les attirer vers l'anse et les fatales cornes, voici comment on s'y prend : au centre du bocage et des canaux, on bâtit une petite maison où loge un garde qu'on nomme le *canardier*. Cet homme va, trois fois par jour, répandre le grain dont il nourrit, pendant toute l'année, plus de cent canards demi-privés, demi-sauvages, et qui, nageant tout le jour dans l'étang, ne manquent pas, à l'heure accoutumée et au coup de sifflet, d'arriver à grand vol, et en s'abattant sur l'anse pour enfiler les canaux où leur pâture les attend. Ce sont ces oiseaux que le *canardier* appelle *traîtres*, qui, dans la saison, se mêlent sur l'étang aux troupes des sauvages, les amènent dans l'anse, et les attirent ensuite dans les cornes, tandis que, caché derrière une suite de claies de roseaux, le *canardier* va jetant du grain devant eux pour les amener jusque sous l'embouchure du berceau de filet; alors, se montrant dans les intervalles des claies disposées obliquement, et qui jusqu'alors le cachaient aux canards arrivants, il effraie ceux qui sont avancés sous le berceau des filets, et qui se jettent dans le cul-de-sac, d'où ils vont pêle-mêle s'enfoncer dans la nasse. On en prend jusqu'à soixante à la fois, et par milliers dans le cours d'une saison. Il est rare que les demi-privés entrent dans la nasse; ils sont faits à ce jeu, et retournent sur l'étang recommencer leur manœuvre et engager une nouvelle capture.»

Passons à la chasse à la canardière, ou le

bassin ou réservoir où les canards se jettent ou tombent représente un hexagone contenant trois cent cinquante-six toises d'eau, où sont habituellement six cents de ces oiseaux, savoir : deux cents à qui on a tiré les grosses plumes d'une aile afin qu'ils ne puissent plus voler, mais rester toujours dans le réservoir; aux autres quatre cents on a seulement coupé les plumes volantes dont il sera parlé ci-dessous, apprès qu'ils sont apprivoisés et instruits sur un petit bois flottant à faire leur devoir pour séduire les autres. Il y a six canaux courbés en cornes de bouc, longs de douze toises du côté rond extérieur, avec une barrière de roseau qui forme un petit talus en dedans du canal, d'un bout à l'autre, et du côté intérieur, qui est courbé, avec dix petites barrières d'environ une toise de longueur qui passe l'une devant l'autre, et à chaque barrière une autre petite barrière où les chiens doivent sauter pour conduire les oiseaux sauvages. Les six bords unis du bassin, qu'on nomme *places de repos*, destinés pour donner à manger aux oiseaux apprivoisés et les faire reposer, sont en croissant de lune; le milieu est large de vingt-sept pieds; il y a des petites digues, et par-dessous ces digues des barrières de roseaux d'un bout à l'autre, et au milieu un trou avec une planche qui s'ouvre et ferme où les petits chiens peuvent venir de la place du repos. Les susdits canaux sont hauts et larges de dix-sept pieds, et se courbent en arrière où le filet est posé à quatre pieds en hauteur, et il y a un arc couvert de petites lattes, de quatre en quatre pieds, large de dix-sept pieds à l'embouchure, et élevé au-dessus de l'eau de dix-sept pieds au milieu, et ainsi en diminuant jusqu'au derrière à la hauteur de quatre pieds, où est étendu, d'un côté à l'autre, un filet goudronné dont les mailles sont si étroites, que le moindre oiseau qu'on a coutume de prendre à la *canardière* ne pourrait passer. Au bout, et à environ la distance de sept pieds de l'un des canaux, est une cage destinée à apprivoiser les *canards;* c'est un carré d'eau environné de verdure pour élever et apprivoiser l'oiseau sauvage, et lui apprendre à manger : cette cage est environnée d'une barrière assez haute pour qu'un homme puisse facilement y présenter la moitié de sa personne, afin que l'oiseau s'accoutume à le voir.

«Les allées sont plantées de toutes sortes d'arbres et d'arbrisseaux, savoir : entre les canaux, sur des alignements en carré, à quatre pieds de distance l'un de l'autre, en sorte qu'il ne reste qu'un passage étroit auprès de la barrière pour chasser les *canards* dans les canaux, ce qui fait un bois fort sombre où il se trouve une allée en cercle avec des arbres fruitiers, large de quinze pieds; le reste du terrain est planté en allées de traverses et en croix, larges de quinze

pieds de chaque côté, avec des haies fort
élevées; et dans les parcs intérieurs, comme
entre les canaux, sont toutes sortes d'arbres
pour former un bocage élevé et sombre, afin
que les hommes ne soient point aperçus ni
découverts des oiseaux sauvages, et pour
donner du calme dans les canaux et réservoirs. A l'égard de la prise, voici comme elle
se fait avec les six cents canards apprivoisés.
Les deux cents auxquels on a ôté les grosses
plumes d'une aile sont ainsi affaiblis afin
qu'ils restent toujours dans l'eau : pour les
autres, auxquels les grosses plumes sont
coupées, on les apprivoise dans la cage; puis,
avec de la graine de chanvre sur le petit bois
flottant, on les accoutume à aller d'un canal
à l'autre, en se remuant et faisant du bruit
dans le bassin pour encourager les sauvages,
ce qu'on appelle chasser à la *canardière*. Les
plumes de ces *canards* étant tombées et crues
de nouveau, ils sont en état de voler dehors;
et se mêlant avec les sauvages, ils les amènent à leur retour au réservoir, qui les conduit aussi sur le bois flottant au canal le plus
près sous le vent. L'homme de la *canardière*
doit toujours se servir d'une tourbe brûlante
quand il doit aller au-dessous du vent, afin
que les oiseaux sauvages n'en sentent rien;
alors on fait passer le petit chien par l'une
des barrières sur la digue de la place de repos. Les oiseaux sauvages sont très attentifs
à regarder les chiens : plus ces chiens sont

velus et bigarrés, et particulièrement d'une bigarrure rouge, foncée et blanche, mieux ils valent pour cette chasse. Les oiseaux, tant en nageant qu'en volant, suivent continuelle- ment les chiens, qui sont toujours en mou- vement, sautant d'une barrière au delà de l'autre, et se montrant jusqu'à ce que les canards soient arrivés à l'endroit le plus étroit du canal, et qu'ils se soient fourrés dans la nasse qui est derrière, laquelle est alors élevée : lorsqu'ils sont pris, on leur tord le cou. Le blé, le seigle, l'orge, et surtout le chènevis, sont la meilleure nourriture qu'on puisse donner aux canards apprivoisés. »

On chasse aussi le canard sauvage au ré- verbère, comme nous l'avons enseigné au chapitre des *piéges et filets*. On peut encore le chasser à l'affût pendant les fortes gelées.

La Canepétière.

Cet oiseau ne diffère de l'outarde qu'en ce qu'il est plus petit et plus rusé, et par con- séquent plus difficile à prendre. La canepé- tière arrive dans nos climats au mois d'avril, et les quitte au mois d'octobre. Comme cet oiseau ne se laisse pas approcher, on le chasse avec une canardière afin de pouvoir le tirer de loin ; encore ne peut-on espérer quelque succès qu'en employant la vache artificielle. (Voir au chapitre des *filets, engins*, etc.)

Le Chevalier-Brun.

Il fréquente les mêmes lieux et se chasse de la même manière que l'alouette de mer ; sa longueur est d'environ un pied.

Le Combattant

Le combattant est un oiseau de marais ; son nom lui vient de ce qu'il est très belliqueux, et se bat très souvent, non-seulement corps à corps, mais troupes contre troupes ; sa longueur est de dix à onze pouces ; son plumage varie du blanc au brun foncé ; il se chasse comme l'alouette de mer

Le Coq de bruyère.

On ne trouve cet oiseau que dans les pays montagneux, et il se plaît particulièrement dans les bois de sapins. Le coq de bruyère ne se perche que dans la saison des amours, c'est-à-dire en mai et juin ; il est alors un peu moins difficile d'en approcher ; cependant on n'y parvient encore qu'avec de grandes précautions.

Le soir et le matin, le coq de bruyère quitte l'épaisseur des forêts pour venir chercher sa nourriture dans les taillis : c'est le moment le plus favorable pour la chasse ; mais on ne réussit guère en le chassant au chien d'arrêt ; il vaut mieux se tenir à l'affût vers le soir, et lorsque l'on entend chanter le coq, on s'avance avec précaution vers lui. Voici un moyen de faire une chasse très productive. Au moment du coucher du soleil les chasseurs, au nombre de trois ou quatre, se rendent dans un lieu fréquenté par les coqs de bruyère; l'un d'eux monte sur un arbre, tandis que les autres restent immobiles en observant le plus profond silence. Le chasseur placé en observation remarque les arbres où les coqs viennent se percher; il descend ensuite, et tous se dirigent vers ces arbres. Le chasseur qui marche devant porte sur sa tête un vase dans lequel brûlent des branches de sapin; les autres sont armés de fusils. Il leur est alors très facile d'arriver au pied des arbres indiqués, et de tirer sur les coqs de bruyère.

Une autre chasse consiste à mettre sur un arbre une femelle empaillée, et de se tenir en embuscade à quelque distance; les coqs s'approchent bientôt de cette espèce de moquette; ils se la disputent et se battent avec tant d'ardeur que l'on peut en approcher facilement. Cette chasse réussit particulièrement un peu avant le lever du soleil, et deux ou trois heures avant la nuit.

Le Corbeau et la Corneille.

Ces deux espèces sont du même genre. La seconde ne diffère de la première que par une plus petite taille. Elles sont très voraces, et se nourrissent de fruits, mais principalement de substances animales, telles que vers, poissons, charognes surtout; ce qui les rend utiles sous un certain rapport. Elles détruisent beaucoup de gibier, et attaquent quelquefois les agneaux et les lièvres.

On chasse les corneilles et les corbeaux au moyen de cornets de papier garnis de glu (voyez au chapitre des *piéges, engins, filets,* etc.). On chasse encore les corbeaux à l'aide d'un hibou que l'on attache au pied d'un arbre garni de gluaux. Quelques chasseurs prennent un chat, le frottent entièrement de miel, ensuite le roulent dans la plume, qui s'attache par le moyen de ce miel autour du chat; après, on le porte dans l'endroit destiné pour la chasse. Quand on est arrivé sur le lieu, on prend le chat, on le lie par les reins, à la manière dont on lie les singes, assez ferme pour qu'il ne puisse se dépétrer. On l'attache au pied d'un arbre rempli de gluaux, et l'on se retire à l'écart, en sorte que l'on puisse voir l'endroit. Le chat, se voyant seul, commence à miauler et à se tourmenter. Corneilles, corbeaux, pies, geais et autres oiseaux de cette sorte, entendent ce bruit, viennent voir ce que c'est, et, se posant sur l'arbre, tombent avec les gluaux. On en prend un grand nombre de cette façon.

Cul-Blanc.

Cet oiseau, qui a de huit à neuf pouces de longueur, se trouve dans les mêmes lieux que l'alouette de mer, et se chasse de la même manière.

L'Étourneau.

Cet oiseau n'a guère plus de neuf pouces de long : il a le bec droit sans échancrures vers la pointe, d'un brun jaunâtre dans les jeunes, et d'un jaune sombre dans les vieux. Les narines sont à demi recouvertes par une membrane; les yeux sont bruns; le plumage est en général d'une teinte obscure nuancée de vert, de bleu, de pourpre et de couleur de cuivre; à l'extrémité de chaque plume, il y a une plaque d'un jaune pâle; les couvertures des ailes sont bordées d'un brun jaunâtre; les pennes des ailes sont sombres; les jambes sont d'un brun rougeâtre. Dans la femelle, le bout des plumes de la poitrine, du ventre et de la gorge est blanc.

Peu d'oiseaux sont aussi connus que l'étourneau; on le trouve dans tous les climats

L'étourneau ne se chasse guère au fusil; on le prend ordinairement aux gluaux et à la pipée. (Voir au chapitre des *piéges, filets,* etc.)

13.

Le Faisan.

Pour la délicatesse, la pureté, l'élégance des couleurs, aucun oiseau peut-être ne surpasse, ou, pour mieux dire, n'égale le faisan : tout en lui est riche et beau ; tout est distribué avec la symétrie la plus admirable. Le sommet de la tête et la partie supérieure du cou sont d'un gris argenté, qui, suivant le reflet du jour, semble changer en bleu. Les plumes de la poitrine, des épaules, du milieu du dos, ainsi que les latérales sous les ailes, ont un fond noirâtre, avec les bords couleur de pourpre, sur des lignes transversales dorées, la longueur de la queue dépasse les plumes centrales jusqu'à la racine d'environ dix-huit pouces ; le plumage de la femelle est moins beau que celui du mâle : l'iris des yeux est jaune, et les yeux sont placés entre deux pièces de couleur écarlate.

On dit que le faisan a été originairement introduit en Europe des côtés du Phase, dans l'Asie-Mineure, et que l'Angleterre fut la première à le propager artificiellement. Cependant, malgré le froid de nos climats, et la délicatesse de sa constitution, il a multiplié dans un état sauvage. Dédaignant la protection de l'homme, il l'a abandonnée pour aller vivre dans les bois les plus épais et les forêts les plus écartées. Cet esprit d'indépendance suit le faisan jusque dans la captivité.

Dans les bois, la femelle pond de dix-huit à vingt œufs par saison : captive, elle en pond rarement au delà de dix. Sauvage, elle couve et entretient sa couvée avec beaucoup de patience, de vigilance, de sollicitude ; tandis qu'apprivoisée elle y procède avec tant de négligence qu'on est forcé de lui substituer la poule. Cet oiseau semble, sous tous les rapports, mieux convenir à la vie libre des bois qu'à l'état de captivité. Sa fécondité alors suffit pour peupler les forêts.

On chasse le faisan au fusil de la même manière que la perdrix ; on en prend aussi au lacet ; mais c'est surtout à l'affût qu'il est facile à tirer, attendu que lorsqu'il est une fois perché on peut en approcher de très-près sans qu'il songe à partir.

Le Héron.

Cet oiseau est d'une légèreté remarquable en raison de son volume : il a plus de trois pieds de long ; ses ailes déployées n'ont guère moins de cinq pieds de largeur, et il ne pèse en tout que trois livres et demie.

Il est très-maigre : on prétend que sa peau n'est pas plus épaisse que la feuille d'or que travaille l'orfévre.

Son bec robuste, fendu jusqu'aux yeux, acuminé, a près de cinq pouces de long ; ses ongles sont forts et redoutables. Cependant quoiqu'il soit très-bien armé pour la guerre,

il est aussi lâche qu'indolent : l'approche d'un
épervier le met en fuite. Il n'exerce sa ty-
rannie que dans l'eau : il attaque tous les
poissons, soit grands soit petits, et les blesse,
quoique ses forces ne lui permettent pas de
les emporter. Il ne se nourrit que du petit
fretin, qu'il dévore en quantité immense; un
seul de ces oiseaux détruit près de neuf mille
carpes dans le courant d'un l'année.

Les hérons se tiennent habituellement près
des étangs et des marais, et commettent leurs
déprédations dans la solitude et le silence.
Ils ne vivent en famille que lors de la couvée.
Leur nid est composé de perches garnies de
laine. La femelle pond quatre gros œufs d'un
vert pâle; quand les jeunes sont éclos, leur
voracité insatiable force les vieux à une pêche
continuelle; et la quantité de poissons qu'ils
détruisent alors est prodigieuse.

Quoique le héron ne se saisisse de sa proie
qu'en plongeant au fond de l'eau, il s'en
empare souvent au vol : il ne pêche avec
succès que dans les eaux basses; le poisson,
à la vue de l'ennemi, descend en vain jusqu'au
fond de l'eau, le héron, avec ses longs pieds
et son long bec, le poursuit, l'atteint, le perce
et l'enlève.

Du temps que la fauconnerie était en vogue,
la chasse aux hérons était un grand divertis-
sement.

Il est très-difficile d'approcher du héron à
une distance convenable pour le tirer, et c'est

encore le cas de se servir de la vache artificielle.(Voir au chapitre des *piéges, filets, etc.*)
La meilleure manière de le chasser est de
l'attendre à l'affût vers le soir ou au point du
jour.

Le Ganga.

Le ganga est une espèce de gélinotte que
l'on appelle aussi perdrix d'Angleterre, attendu qu'elle ne se trouve que dans ce pays et
dans le midi de la France. Comme cet oiseau
est très-farouche, et qu'il vole par troupes à
une très-grande elévation, il est très difficile
de le tirer. Ce n'est que pendant les grandes
chaleurs, alors qu'il va boire en rasant la surface des eaux, que l'on peut le tirer au vol,
encore faut-il être bien caché pour qu'il
s'approche à une distance convenable.

Le Garrot.

Le garrot ressemble au canard sauvage ; il
a les mêmes habitudes, et se chasse de la
même manière.

La Gélinotte.

La gélinotte ne se trouve que sur les bords
du Rhin, dans les Alpes, et dans les Pyrénées. Cet oiseau, dont la chair est délicieuse
se chasse comme le faisau.

Le Grèbe.

Cet oiseau n'est qu'une variété du plongeon. On le chasse comme le canard sauvage.

La Grive.

Les grives renferment un grand nombre d'espèces différentes, qui s'accordent toutes dans les traits suivants : le bord du bec supérieur, échancré vers le pointe, l'intérieur du bec jaune; sa base accompagnée de quelques poils ou soies noires dirigées en avant; la première phalange du doigt extérieur unie à celle du doigt du milieu; la partie supérieure du corps d'une couleur plus rembrunie et la partie inférieure d'une couleur plus claire et plus grivelée.

La grive proprement dite, ou la grive chanteuse, a près de onze pouces de long : le bec est d'une couleur sombre ; la base du bec inférieur est jaune; les yeux sont couleur de noisette; la tête, le dos, et les plus petites couvertures des ailes, sont d'un olive brunâtre; les couvertures sont bordées de blanc. Le dessus du dos est d'une teinte jaune.

Le chant de cet oiseau annonce le retour du printemps, et dure pendant les trois quarts de l'année. On l'entend souvent quand le ciel se charge de nuages, ce qui l'a fait surnommer, dans quelques pays, l'oiseau des tempêtes. Quand la grive est inquiète, son ramage rauque et bruyant semble un mélange de gazouillement et de cris. Dans son état ordinaire, sa gamme est une échelle mélodieuse de sons doux et graves ; elle chante souvent plusieurs heures de suite sans la moindre interruption. Si on l'élève avec la linotte et le rossignol, elle semble étudier leur chant, et finit par se l'approprier.

La grive se nourrit de toutes sortes de graines et de quelques insectes.

Elle se trouve dans différentes parties de l'Europe ; elle niche dans les bois, dans les vergers, et souvent dans les buissons, à peu de distance du sol. De la mousse bien fine, mêlée avec du gazon et du foin, forment l'extérieur du nid ; l'intérieur est soigneusement abrité contre le froid. La femelle pond ordinairement cinq ou six œufs bleus, tachetés de noir. Buffon dit que dans quelques districts de la Pologne, les grives se réunissent en un tel nombre, que les habitants les prennent par milliers.

La grive se chasse au fusil ; on les attire avec l'appeau. Elle se prend aussi aux filets, aux collets, aux gluaux. Il est facile d'en approcher de très-près, et d'en tuer un grand nombre, en se servant d'une hutte ambulante de feuillage dans laquelle se tient le chasseur et qu'il transporte où il veut sans être vu.

La Grue.

Il y a plus de cent variétés de cette espèce ; elles habitent les climats témperés ou froids, quelques-unes sont des oiseaux de passage.

Les grues se reconnaissent aisément à la longueur de leurs jambes et de leur bec ; ce dernier est doué d'une grand sensibilité à sa pointe, pour que l'oiseau, à defaut de la vue, ne se trompe pas dans le choix de ses aliments, qu'il déterre au fond des marais.

Elles n'ont pas cherché la protection de l'homme ; elles vivent en liberté dans les marais, au bord des lacs et sur les côtes de la mer.

On ne sait trop si l'on doit les appeler oiseau de terre ou d'eau : leur nourriture principale croît dans des places aqueuses ; cependant leur organisation ne leur permet pas de la chercher où elle abonde.

Les grues ont près de cinq pieds de long, au delà de deux pieds de hauteur ; leur cou est proportionné à la longueur de leurs jambes ; le sommet de la tête est couvert de petites plumes noires ; leur dos, nu et d'une couleur rouge, sert à les distinguer de la cigogne, avec laquelle elles ont d'ailleurs de grands rapports. Le bec, de forme cylindrique, a plus de trois pouces de long ; le plumage en général est cendré ; de dessous les grandes couvertures et les plus près du corps sortent

deux larges plumes à filets, que l'oiseau relève en panache, et laisse retomber à son gré ; une partie des ailes est noirâtre.

Les régions arctiques semblent être leurs contrées favorites : cependant on les rencontre par toute l'Europe, excepté dans la Grande-Bretagne.

Elles voyagent sans cesse, et suivent le cours des saisons : en hiver, elles habitent les climats brûlants de l'Arabie et de l'Égypte. Elles traversent la France au printemps et en automne : elles s'élèvent très-haut, et volent en triangle pour fendre l'air avec plus de facilité.

C'est la nuit qu'elles choisissent pour aller au pillage : elles viennent se repandre dans les champs de blé ; une troupe de gens armés laisserait des traces moins funestes de son passage. Au besoin elles s'abattent dans de vastes marais, s'assemblent tout le jour comme pour délibérer sur leurs projets, et font une guerre facile et destructive aux insectes et aux vers.

Il est difficile d'approcher de cet oiseau à la portée du fusil ; on le prend ordinairement avec des lacets.

Le Guignard.

Le guignard est une espèce de pluvier assez abondant sur les bords du Rhône et de la Saône, en avril et en août. Il est difficile d'en approcher à portée de fusil; mais on **le** prend très-facilement au lacet et avec plusieurs espèces de filets.

La Litorne.

C'est une espèce de grive un peu moins grosse que la grive commune : on la **chasse** de la même manière.

La Macreuse.

La macreuse ne diffère du canard sauvage que par sa couleur; elle est entièrement noire. On en trouve un grand nombre **sur** les côtes de la Picardie; la chasse de **cet** oiseau est la même que celle du canard.

Le Mauvis.

Le mauvis est une variété de la grive, **et** se chasse de la même manière. C'est surtout en Provence, au commencement de l'automne, qu'on en trouve en grand nombre.

Le Merle.

Quand le merle a toute sa croissance, il est d'un beau noir; le bec est jaune ainsi que les bords des paupières. Dans sa première jeunesse, le bec est d'une couleur foncée et le plumage d'un noir grossier; on ne peut alors, à la couleur distinguer la femelle du mâle.

Il est un des premiers à célébrer par ses chants le retour de la belle saison : entendus de loin, ils sont fort agréables, il sait avec art passer des tons les plus bas aux tons les plus élevés. Dans la captivité, sa voix perd de son éclat ; elle devient enrouée et fausse.

Le merle aime la solitude : il ne se tient que dans les taillis les plus épais et les plus éloignés. Il se nourrit de vers, d'insectes. Il ouvre adroitement l'escargot, en le brisant contre des pierres.

Quand il est privé, on peut lui donner de toutes sortes de viandes, soit crues, soit rôties, pourvu qu'il n'y ait point de sel.

La femelle se construit un nid avec beaucoup d'art ; il est matelassé dans l'intérieur, et revêtu de gazon à l'extérieur. Elle pond ordinairement quatre ou cinq œufs bleus, couverts de taches brunes.

La chasse du merle est la même que celle de la grive.

Le Milouin.

Cet oiseau n'est qu'une variété du canard sauvage ; il est très-farouche, très-rusé, et ne donne guère dans les piéges. Ce n'est qu'à l'affût qu'on peut en tuer, encore est on obligé de les tirer de très-loin.

La Morelle.

Cet oiseau est surtout abondant en Lorraine; il se tient sur les étangs qu'il ne quitte que lors des premières gelées pour revenir au printemps. On le chasse au fusil de la manière suivante : plusieurs chasseurs se placent dans des bâteaux, en ligne, sur un étang, et se dirigent en même temps vers les morelles. Comme cet oiseau ne veut pas aller à terre, dès que la troupe se trouve acculée à l'extrémité de l'étang, elle prend son vol pour revenir en pleine eau, et les chasseurs tirent tous ensemble au moment ou les morelles passent au-dessus de leur tête.

Le Morillon.

Le morillon est un oiseau d'eau dont la longueur ne passe guère quinze pouces; son plumage est entièrement noir. On ne le trouve en France que pendant l'hiver, sur les rivières et les étangs; il se laisse approcher facilement et l'on peut le tirer de près.

L'Oie sauvage.

Les oies sauvages se trouvent en grand nombre dans différentes parties de l'Angleterre. On suppose qu'elles ne font pas d'émigrations comme sur le continent. Pendant le jour elles se tiennent rarement à terre. On les voit voler à une grande hauteur par bandes de cinquante et de cent. Leur vol est de la plus parfaite régularité ; elles s'avancent sur une ligne de front, ou sur deux, formant un angle au milieu.

Cet oiseau est très-farouche, et l'on ne peut en approcher qu'en se servant de la vache artificielle, encore est-on toujours obligé de le tirer de très-loin ; il est donc nécessaire de charger le fusil ou la canardière avec de la gnenaille de fonte et quelques chevrotines.

L'Ortolan.

Cet oiseau est considéré comme un oiseau de passage ; il arrive en mars, comme la caille, et s'en va en automne. On le prend au filet et aux gluaux. L'ortolan, accommodé *à la provençale*, c'est-à-dire au truffes de Périgord, est un mets exquis.

L'Outarde.

L'outarde est l'oiseau le plus gros de l'Europe. Cet oiseau, qui se nourrit de grains, se plaît surtout dans les plaines arides. On ne peut en approcher à portée de fusil qu'en se servant de la vache artificielle.

Là Perdrix.

Perdrix, oiseau du genre des gélinottes. Les perdrix ne se perchent point ordinairement sur les arbres; elles font du bruit en volant; leur vol est bas, dure peu, et a peu d'étendue. Elles ont quatre doigts, dont trois devant et un derrière; leur queue est courte. Les perdrix se trouvent dans presque toute l'Europe.

Les *perdrix grises* se plaisent principalement dans les plaines fertiles, chaudes, un peu sablonneuses, et où la récolte est hâtive; elles fuient les terres froides, ou du moins elles ne s'y multiplient jamais à un certain point. Cependant, si des terres naturellement froides sont échauffées par de bons engrais, si elles sont marnées, etc., l'abondance des perdrix peut y devenir très-grande : voilà pourquoi les environs de Paris en étaient peuplés à un point qui paraissait prodigieux. Tous les engrais chauds que fournit cette grande ville, y sont répandus avec profusion, et ils favorisent autant la multiplication du *gibier* que la fécondité des terres. En supposant les mêmes soins, les meilleures récoltes en grains donneront une bien plus grande quantité de gibier.

La terre étant bien cultivée, les animaux destructeurs étant pris et chassés avec activité, il faut encore, pour la sûreté et la tranquillité des perdrix grises, qu'une plaine ne soit point nue; qu'on y rencontre de temps en temps des remises plantées en bois, ou de simples buissons fourrés d'épines : ces remises garantissent les perdrix contre les oiseaux de proie, les enhardissent à tenir la plaine, et leur font aimer celle qu'elles habitent. Quand on n'a pour objet que la conservation, il ne faut pas donner une grande étendue à ces remises; il vaut mieux les multiplier; des buissons de six perches de superficie seraient très-suffisants, s'ils n'étaient placés qu'à cent toises les uns des autres; mais si l'on a le dessein de retenir les perdrix après qu'elles ont été chassées et battues dans la plaine, pour les tirer commodément pendant l'hiver, on ne peut pas donner aux remises une étendue moindre que celle d'un arpent. La manière de les planter est différente aussi, selon l'usage qu'on en veut faire.

On peut être sûr que dans un pays ainsi disposé et gardé, on aura beaucoup de perdrix; mais l'abondance étant une fois établie, il ne faut pas vouloir la porter à l'excès. Il faut, tous les ans, ôter une partie des perdrix, sans quoi elles s'embarrasseraient l'une l'autre au temps de la ponte, et la multiplication en serait moindre. C'est un bien dont on est contraint de jouir pour le conserver. La trop grande quantité de coqs est surtout pernicieuse. Les perdrix grises s'apparient; les coqs surabondants troublent les ménages établis, et les empêchent de produire. Il est donc nécessaire que le nombre des coqs ne soit qu'égal à celui des poules ; on peut même laisser un peu moins de coqs ; quelques-uns alors se chargent de deux poules, et leur suffisent ; elles pondent chacune dans un nid séparé, mais fort près l'un de l'autre ; leurs petits éclosent dans le même temps, et les deux familles se réunissent en une seule *compagnie*, sous la conduite du père et des mères.

Les perdrix rouges cherchent naturellement un pays disposé d'une manière différente ; elles se plaisent dans les lieux élevés, secs et pleins de gravier ; elles cherchent les bois, surtout les jeunes taillis, et les fourrés de toutes espèces. Dans le pays où la nature les a établies, on les trouve sur les bruyères, dans les rochers, et quand on n'a d'elles que les soins ordinaires, elles ne paraissent pas se multiplier beaucoup. Les perdrix rouges sont plus sauvages et sensibles au froid que ne sont les grises : il leur faut donc plus de retraites qui les rassurent, et plus d'abris, qui, pendant l'hiver, les garantissent du vent et du froid. Les perdrix grises ne quittent point la plaine, lorsqu'elles y sont en sûreté ; elles y couchent, et sont pendant tout le jour occupées du soin de chercher à vivre. Les perdrix rouges ont des heures plus marquées pour aller aux gagnages : elles sortent le soir, deux heures avant le soleil conchant ; le matin, lorsque la chaleur se fait sentir, c'est-à-dire pendant l'été vers neuf heures, elles rentrent dans le bois et surtout dans les talllis, que nous avons dit leur être nécessaires. Il faut donc que le pays où l'on veut multiplier les perdrix rouges soit mêlé de bois ou de plaines ; il faut encore que ces plaines, quoique voisines des bois, soient fourrées d'un assez grand nombre de petites remises, de buissons, de haies, qui établissent la sûreté de ces oiseaux naturellement farouches. Si quelqu'une de ses choses manque, les perdrix rouges désertent. Les grises sont tellement attachées au lieu où elles sont nées, qu'elles y meurent de faim plutôt que de l'abandonner ; il n'y a que la crainte extrême des oiseaux de proie qui les y oblige. Les perdrix rouges ont besoin d'une sécurité plus grande ; si vous les faites partir souvent de leurs retraites, cet effroi répété les chassera, et elles courront jusqu'à ce qu'elles aient trouvé des lieux inaccesibles. On voit par là que le projet de multiplier dans une terre les perdrix rouges, à un certain point, entraîne beaucoup de dépenses et de soins, qui peuvent et doivent peut-être en dégoûter ; c'est un objet auquel il faut sacrifier beaucoup, et n'en jouir que rarement.

Les perdrix rouges s'apparient comme les grises ; et il est essentiel aussi que le nombre des coqs ne soit qu'égal à celui des poules.

On peut tuer les coqs dans le courant de l'année, à coups de fusil : avec de l'habitude, on les distingue des poules, en ce que celles-ci ont la tête et le cou plus petits, et la forme totale plus légère. Si l'on n'a pas pris cette précaution avant le temps de la ponte, il faut au moins la prendre pendant ce temps pour l'année suivante. Dès que les femelles couvent, elles sont abandonnées par les mâles qui se réunissent en compagnies fort nombreuses. On les voit souvent vingt ensemble. On peut tirer hardiment sur ces compagnies ; s'il s'y trouve quelques femelles mêlées, ce sont de celles qui ont passé l'âge de produire. Cette opération se doit faire depuis la fin de juin jusqu'à celle de septembre. Après cela, les vieilles perdrix rouges se mêlent avec les compagnies nouvelles, et les méprises deviennent plus à craindre.

On chasse les perdrix au fusil avec un chien d'arrêt ; lorsque les perdrix se lèvent, il faut tirer sur une seulement ; car en tirant au milieu de la bande, il arrive presque toujours qu'on n'en touche pas une. Après avoir tiré, on suit la bande qui ne tarde pas à s'abattre, et l'on peut tirer de nouveau. On prend aussi les perdrix au filet, aux gluaux. (Voir le chapitre des *piéges, filets, etc.*)

Le Pilet.

Le pilet est une variété du canard sauvage ; il est rusé et farouche , et l'on ne peut le tirer que de très-loin.

Le Plongeon.

Le plongeon est un oiseau d'eau assez commun en France. La chasse de cet oiseau est très-difficile à cause de la rapidité avec laquelle il plonge. Cette rapidité est telle qu'il évite presque toujours le coup de fusil lorsqu'il aperçoit la lumière de l'amorce. Le fusil à piston est le seul que l'on emploie avec succès à cette chasse.

Le Pluvier.

Le pluvier est un oiseau de marais dont la longueur ne dépasse pas six ou sept pouces. Il est assez abondant sur les côtes de la Normandie, où il arrive au printemps et en automne ; mais il est difficile de l'approcher à portée de fusil. Il faut avoir recours à la vache artificielle. (Voir au chapitre des *piéges et filets, etc.*)

La Poule d'eau.

Ce genre est considéré par les naturalistes comme réunissant l'ordre des nageurs à celui des plongeurs. Les individus qui le composent ont les jambes et le cou long de ces derniers, et la membrane qui réunit leurs doigts les rend propres à la nage comme les premiers. La poule d'eau et la foulque sont les espèces principales. Quelques naturalistes trop faciles à se laisser entraîner par des faibles nuances, ont fait de ces deux espèces deux classes différentes ; mais à bien considérer la ressemblance exacte de la forme des plumes et des habitudes, elles doivent être regardées comme ne faisant qu'une seule et même classe. Elles ont l'une et l'autre de longues jambes, et les cuisses dépourvues de poils et de plumes ; leur cou, leur bec, leurs ailes ont les mêmes proportions ; leur couleur est également noire ; et toutes deux ont le duvet de la tête nu et privé de plumes : il y a la même ressemblance dans la conformation du corps ; elles ne diffèrent l'une de l'autre, qu'en ce que la poule d'eau ne pèse qu'environ quinze onces et la foulque près de vingt-quatre. La plaque frontale n'a pas non plus la même teinte ; on remarque aussi que tous les doigts de la poule d'eau sont bordés d'une membrane droite, tandis que la membrane de la foulque est plus large et en forme de pétoncle ; mais ces nuances sont trop légères pour établir une classification à part.

Les oiseaux de l'espèce de la grue sont pourvus de longues ailes, et peuvent aisément changer de place ; mais la poule d'eau qui a des ailes fort courtes , ne peut guère s'éloigner des endroits où elle trouve sa pâture : les longs voyages de la grue seraient au-dessus de ses forces ; aussi ne quitte-t-elle jamais le bord des étangs et des rivières où elle cherche ses provisions.

La poule d'eau se chasse comme le canard sauvage (voir plus haut).

Le Râle d'eau.

Le râle d'eau, qu'on nomme aussi merle d'eau, corbeau d'eau, ou piet, appartient au genre de l'étourneau : il est de la grosseur du merle ; son bec est noir et très droit ; les paupières sont blanches, le dessus de la tête et du cou est d'un brun foncé ; les autres parties supérieures , le ventre et la queue sont noirs ; le menton, le devant du cou et la poitrine sont blancs ou jaunâtres ; les jambes sont noires.

Cet oiseau se tient ordinairement près des sources et ruisseaux , il chosit de préférence les eaux vives et courantes dont la chute est rapide et le lit entrecoupé de pierres et de fragments de roches. Ses habitudes sont fort singulières. Les oiseaux aquatiques qui ont les pieds palmés nagent sur l'eau ou se plongent ; ceux de rivage , montés sur de hautes jambes nues, y entrent assez avant sans que leur corps y trempe ; le merle d'eau y entre tout entier en marchant et en suivant la pente du terrain ; on le voit se submerger peu à peu, d'abord jusqu'au cou, et ensuite par-dessus la tête qu'il ne tient pas plus élevée que s'il était dans l'air ; il continue de marcher sous l'eau, descend jusqu'au fond et s'y promène comme sur le rivage sec.

On trouve les merles d'eau dans plusieurs parties de l'Europe. La femelle fait son nid sur le rivage gazonneux de la mer ; elle lui donne une couleur tellement semblable à celle des objets environnants, qu'il est difficile de le découvrir. Elle pond cinq ou six œufs blancs, nuancés d'un beau roux.

Cet oiseau pique quelquefois les vers sur le bord de l'eau. Quand il est poursuivi, il déploie les ailes et fait un grand bruit. Sa chair, au printemps, est, dit-on, d'un goût fort agréable.

Dans quelques contrées, on le regarde comme un oiseau de passage.

Cet oiseau se chasse au chien d'arrêt et au fusil ; mais il est souvent très-difficile de le faire lever.

Le Ramier.

Le ramier est un pigeon sauvage très-farouche qui fait son nid sur la cime des arbres les plus élevés. On le chasse au filet et aux gluaux ; on le chasse aussi au fusil de la manière suivante :

« On s'assure, en envoyant du monde au bois, de la partie où se retire le gibier : cela s'appelle *coucher* les ramiers. Cette précaution prise, une bande nombreuse se rassemble le soir, à environ neuf heures et s'achemine vers la forêt, portant des bassins ou ustensiles de cuivre, dont le choc est propre à produire beaucoup de bruit ; d'autres chasseurs, au nombre de sept ou huit, s'arment de fusils ; on se munit aussi d'une lanterne. La troupe arrivée à le forêt, commence le tintamare, afin que les pigeons, entendant ce bruit venir de loin, s'y habituent et ne s'en épouvantent pas assez pour s'enfuir à mesure qu'il approchera. Parvenu ainsi sous les arbres indiqués pour leur retraite, on allume du feu, afin de les découvrir parmi les branches, et on les tire, le charivari continuant toujours, sans que le bruit du fusil fasse d'autre effet que de les faire changer de branches. »

Le Ridenne.

Le ridenne est un oiseau d'eau qui ne se trouve en France que pendant l'hiver. Sa longueur est d'environ un pied et demi ; on peut aisément en approcher ; mais il n'est pas facile de le tuer, attendu qu'il plonge presque aussi rapidement que le plongeur (voir plus haut).

La Sarcelle.

La sarcelle fait partie de nos canards, mais elle est la plus petite de l'espèce. Elle est commune en Angleterre pendant les mois d'hiver; on croit même qu'elle y fait sa ponte aussi bien qu'en France. Elle ne pèse communément que douze onces, et n'a guère plus de cinq pouces depuis la pointe du bec jusqu'à celle de la queue. Quand les ailes sont déployées, il y a, d'une extrémités à l'autre, près de deux pieds.

Le bec est d'un brun foncé; la tête est d'une couleur plus claire; une large bande blanche prend sous les yeux et passe par derrière la tête; le dos et les côtés sous les ailes sont nuancés de lignes blanches et noires; la poitrine est d'un jaune sale, entrecoupé de lignes transversales d'un blanc sombre, le ventre est plus clair, marqué de taches d'un brun jaunâtre; les pennes des ailes sont d'un brun foncé, avec des rebords blancs; les couvertures, de couleur verte, sont bordées de blanc; les scapulaires tirent sur une couleur cendrée; les jambes et les pieds sont bruns, les ongles noirs.

Ces oiseaux se nourrissent de cresson, de cerfeuil et autres verdures, ainsi que de grains et de quelques insectes d'eau. Leur chair est très-délicate; on la préfère à celle de tous les canards sauvages.

La femelle construit son nid avec des roseaux entremêlés de gazon ; elle le pose, dit-on, sur des joncs, de manière qu'il baisse et s'élève avec la hauteur de l'eau.

On la chasse au chien d'arrêt et on la tire au vol.

Le Louchet.

Le louchet ressemble au canard sauvage ; il est un peu moins gros que ce dernier et plus farouche ; on le chasse de la même manière.

Le Tadorne.

Le tadorne est un oiseau d'eau presque aussi gros qu'une oie ; il fait ordinairement son nid dans les terriers dont il chasse les lapins. Pendant tout le temps de l'incubation, qui est de trente jours, le mâle reste assidûment sur la dune ; il ne s'en éloigne que pour aller, deux ou trois fois par jour, chercher sa nourriture à la mer. Le matin et le soir, la femelle quitte ses œufs pour le même besoin : alors le mâle entre dans le terrier, surtout le matin, et, lorsque la femelle revient, il retourne sur la dune.

Dès que l'on aperçoit, au printemps, un tadorne ainsi en védette, on est assuré d'en trouver le nid ; il suffit, pour cela, d'attendre l'heure où il va au terrier. Si cependant il s'en aperçoit, il s'envole d'un côté opposé, et va attendre la femelle à la mer. En revenant, ils volent longtemps au-dessus de la garenne, jusqu'à ce que ceux qui les inquiètent se soient retirés.

Dès le lendemain que la couvée est éclose, le père et la mère conduisent les petits à la mer, et s'arrangent de manière qu'ils y arrivent ordinairement lorsqu'elle est dans son plein. Cette attention procure aux petits l'avantage d'être plus tôt à l'eau, et de ce moment ils ne paraissent plus à terre. Il est difficile de concevoir comment ces oiseaux peuvent, dès les premiers jours de leur naissance, se tenir dans un élément dont les vagues en tuent souvent des vieux de toutes les espèces.

Si quelque chasseur rencontre la couvée dans ce voyage, le père et la mère s'envolent : celle-ci affecte de culbuter et de tomber à cent pas ; elle se traîne sur le ventre en frappant la terre de ses ailes, et, par cette ruse, attire vers elle le chasseur ; les petits demeurent immobiles jusqu'au retour de leurs conducteurs, et l'on peut, si l'on tombe dessus, les prendre tous sans qu'aucun fasse un pas pour fuir.

Le tadorne se laissant facilement approcher, on le chasse au fusil.

La Tourterelle.

La tourterelle est plus petite que le pigeon, dont elle se distingue d'ailleurs par l'iris jaune de ses yeux, et par le cercle cramoisi de ses paupières. La couleur générale de cet oiseau est d'un gris bleuâtre ; la poitrine et le cou sont d'une sorte de pourpre blanchâtre ; et sur les côtés du cou se trouve un petit tour de belles plumes blanches bordées de noir.

Le cri de cet oiseau est tendre et plaintif ; le mâle en abordant sa compagne la salue à différentes reprises du mouvement de ses ailes, et pousse en même temps les sons les plus doux et les plus touchants. La fidélité de ses oiseaux a fourni aux poëtes et aux romanciers une source d'images séduisantes. L'on assure que si un couple se trouve enfermé dans une cage, et que le mâle vienne à mourir, il est rare que la femelle lui survive ; cependant, au rapport de plusieurs naturalistes, observateurs judicieux et profonds, la constance de la tourterelle n'est pas absolument exemplaire, et la fidélité inviolable qu'on lui prête n'est pas tout-à-fait sans tache.

Ces oiseaux arrivent en nombre avec le printemps, et nous quittent vers le mois d'août. Ils se tiennent dans les taillis les plus épais et les plus solitaires des bois ; ils nichent sur les arbres les plus élevés. La femelle pond deux œufs ; dans nos pays elle ne fait pas plus d'une ponte ; mais dans les climats plus chauds on croit qu'elle en fait plusieurs.

La tourterelle se chasse au fusil, aux gluaux et au filet ; il est très facile de les appeler avec l'appeau. (Voir au chapitre des *piéges filet*, etc.

Le Vanneau.

Le vanneau, ou pluvier bâtard, est de la grosseur d'un pigeon ordinaire : il est couvert d'un plumage épais, noir à sa racine, et de différentes couleurs dans d'autres parties.

Les vanneaux se trouvent dans presque toutes les parties de l'Europe, et se nourrissent principalement de vers. La femelle pond deux œufs près de quelque marais, sur une espèce de lit qu'elle forme avec du gazon desséché ; elle témoigne un grand attachement à ses petits, et elle est inépuisables en expédients pour les garantir de tout danger. Elle n'attend pas que l'ennemi se soit approché du nid ; elle marche à sa rencontre, puis elle s'élève et jette un cri perçant afin d'attirer le chasseur de son côté. Plus elle est éloignée de ses petits, plus sa voix est bruyante. Si elle se trouve près du nid, elle se tait. A l'approche des chiens, elle s'élève à petite distance devant eux comme si elle était blessée, afin de les engager à la pour

suivre, et lorsqu'elle croit les voir assez éloignés du nid, elle part à tire-d'aile et disparaît.

On chasse le vanneau au fusil en se servant de
la vache artificielle ; on peut aussi employer le
filet. Dans les contrées où les vanneaux sont
abondans, on les chasse la nuit au flambeau,
attendu que la lumière les attire.

Le vingeon.

Le vingeon ressemble au canard sauvage, il
a les mêmes mœurs et se chasse de la même
manière ; il arrive en France vers le mois de novembre, et repart au mois de mars.

Observations sur la pantière ou pantène d'au-
tomne, et sur quelques autres chasses dont il
est fait mention dans ce manuel.

La *pantière* ou *pantène* d'automne se fait un
peu avant et un peu après la vendange ; on y
prend des grives, des merles, des bécasses ; ces
oiseaux sont attendus le matin, lorsqu'ils se
rendent dans les vignes, et le soir, lorsqu'ils
quittent les vignes pour aller se coucher dans
les bois.

Un bon filet de pantière doit avoir de 5o à
6o pas de long, et de 18 à 20 pieds de hauteur.
On le tend sur de longues perches de 24 pieds
de hauteur, bien plantées et bien assujetties
dans la terre. Ces perches, que l'on nomme
bigues, sont armées, à leur extrémité supérieure,
de deux ou trois fourches sur lesquelles passe,
autour de la tringle d'un rideau, la corde supérieure, qui doit être bien lisse et bien savonnée.
Cette corde supérieure doit être beaucoup plus
longue que la corde inférieure, elle doit être
arrêtée, à l'une de ses extrémités, par un piquet
planté en terre, et à l'extrémité opposée au
corps de la bigue, la plus distante du chasseur.
Pour jeter cette corde par dessus les fourches
de la bigue, on se sert d'une perche longue et
mince, au bout de laquelle on l'attache ; la
corde inférieure est tendue et fixe, tandis que
la corde supérieure est mobile. Quelquefois

les bigues sont remplacées par des arbres, lorsqu'on ne trouve de plants dont la disposition est à la distance convenable. Il faut, dans ce cas, les débarrasser de toutes les branches et brandilles auxquelles le filet pourrait s'accrocher. Le rideau de la pantière, étant tendu, se trouve dans une position verticale, et lorsqu'on lâche la corde, il s'abat du haut et forme une poche dans laquelle le gibier s'arrête ; il faut avoir soin de lâcher avant que le gibier ne bourre, parce qu'alors il rétrograderait. Lorsque l'horizon est rouge au soir, les oiseaux aperçoivent trop les mailles du filet, et la chasse n'est pas heureuse.

Les meilleures tendues pour la bécasse sont le long d'un ruisseau ou d'un biez, surtout où il croît du petit jonc, parce que cet oiseau affectionne principalement ces localités.

Les meilleures tendues pour la grive et le merle sont à l'entrée des bois ou des taillis, sur des collines dont le bas est planté de vignes. On peut aussi faire des tendues dans l'intérieur des taillis ; mais alors il est essentiel de coucher le fourré, ou même de le couper dans tout l'emplacement de la tendue. Les matinées les plus brumeuses sont les plus favorables pour cette chasse ; mais si le brouillard est trop épais, elle exige une grande attention et une continuelle tension de la lague.

La chasse à la pantière dure environ une demi-heure ; les filets doivent être tendus le soir, avant le coucher du soleil, pour être prêts

au passage , et le matin avant le réveil des oiseaux , qui, presque toujours, devancent l'aube.

Si , à la pantière , on voulait prendre les
oiseaux vivans , on éprouverait une grande
perte de temps. On tue donc les grives et les
merles en leur appuyant fortement le pouce sur
le crâne; et les bécasses, en les étouffant par une
dure pression , ou en leur tordant le cou.

Chasse au brai , autrement nommé bras de pipée.

Les bras de pipée doivent être parfaitement
ajustés et former comme un long bâton fendu
en deux , dont les deux moitiés peuvent se
serrer vivement et fortement , en tirant la ficelle. Il faut, pour attirer les oiseaux, placer en
dessus de la hotte et y faire mouvoir une
chouette empaillée , si l'on ne peut pas en avoir
une vivante , en même temps qu'avec un appeau
on imite le cri plaintif de cet oiseau de nuit.

Chasse au geai.

Une des chasses les plus curieuses et les plus
intéressantes que l'on puisse faire est la chasse
au geai. Il faut d'abord se procurer un de ces
oiseaux et se rendre ensuite au milieu d'un
bois dans l'endroit où l'on est le plus habitué
d'en voir. Alors, au milieu d'un emplacement

vide, vous placez votre geai sur le dos, les pattes en l'air, et vous l'assujettissez dans cette position, au moyen de deux crochets de bois que vous plantez dans le sol et qui maintiennent l'oiseau à l'embranchement des ailes avec le corps. Le geai, très irrité d'être ainsi posé, jette de longs cris; il appelle à son secours tous les geais des environs qui accourent pour le délivrer, et l'entourent de toute part; malheur alors à celui qui s'approche de trop près, il le saisit avec ses serres et ne le lâche plus. C'est en ce moment que le chasseur doit quitter sa cachette et s'emparer du prisonnier. Autant il y aura de geais dans le bois, autant il en prendra.

Observations.

1°. Lorsque la chasse est fermée, on ne peut chasser même sur ses propres terres, à moins qu'elles ne soient encloses de murs ; ceci résulte de plusieurs arrêtés rendus par les cours royales, confirmées par la cour de cassation et insérées dans la *Gazette des tribunaux*.

2°. Quelques préfets défendent, pendant l'hiver, la chasse à la neige : leur motif est d'empêcher la destruction du gibier qui se laisse alors très facilement approcher. Mais ils n'ont pas réfléchi que la loi qui interdit la chasse pendant une partie de l'année n'a pas pour objet de prévenir cette destruction, mais de protéger les récoltes. Divers jugemens des cours du royaume, conformément aux arrêtés des préfets, ont puni comme un délit la chasse à la neige ; mais toutes les fois que les personnes condamnées pour ce fait ont appelé de la sentence portée contre elles, la cour souveraine a flétri cette jurisprudence comme ne s'appuyant sur aucun texte de loi.

3°. Le propriétaire a droit de tuer les pigeons qui s'abattent sur son champ, mais il doit les laisser sur place ; il peut, s'ils sont reconnus par le maître du colombier, faire constater le délit.

4°. Les ordonnances et réglemens sur la chasse, antérieurs à 1791, sont abrogés. Ils ne pourraient être invoqués, attendu qu'ils sont tous entourés de l'esprit de féodalité.

5°. Nous ne donnons pas ici les dispositions sur la louveterie, parce qu'elles appartiennent moins à la chasse proprement dite qu'à la sûreté générale.

§ XVI. *Extrait de la loi du 7 octobre 1791, concernant les biens et usages ruraux, et la police rurale.*

SECTION PREMIÈRE. *Principes généraux.*

ART. Ier. Le territoire de la France, dans toute son étendue, est libre comme les personnes qui l'habitent; ainsi toute propriété territoriale ne peut être sujette, envers les particuliers, qu'aux redevances et aux charges dont la convention n'est pas défendue par la loi ; et envers la nation, qu'aux contributions publiques établies par le Corps législatif, et aux sacrifices que peut exiger le bien général, sous la condition d'une juste et préalable indemnité.

II. Les propriétaires sont libres de varier à leur gré la culture et l'exploitation de leurs terres, de conserver à leur gré leurs récoltes, et de disposer de leur propriété dans l'intérieur du royaume et au dehors, sans préjudicier au droit d'autrui, et en se conformant aux lois.

III. Tout propriétaire peut obliger son voisin au bornage de leurs propriétés contiguës, à moitié frais.

IV. Nul ne peut se prétendre propriétaire exclusif des eaux d'un fleuve ou d'une rivière navigable ou flottable ; en conséquence, tout propriétaire riverain peut, en vertu du droit commun, y faire des prises d'eau, sans néanmoins en détourner ni embarrasser le cours d'une manière nuisible au bien général de la navigation établie.

Section VIII. *Gardes-champêtres.*

Art. Ier. Pour assurer les propriétés et conserver les récoltes, il pourra être établi des gardes champêtres dans les municipalités, sous la juridiction des juges de paix et sous la surveillance des officiers municipaux. Ils seront nommés par le conseil général de la commune, et ne pourront être changés ou destitués que dans la même forme.

II. Plusieurs municipalités pourront choisir et payer le même garde-champêtre, et une municipalité pourra en avoir plusieurs. Dans les municipalités où il y a des gardes établis pour la conservation des bois, ils pourront remplir les deux fonctions.

III. Les gardes-champêtres seront payés par la communauté ou les communautés suivant le prix déterminé par le conseil général ; leurs gages seront prélevés sur les amendes qui appartiendront en entier à la commune. Dans le cas où elles ne suffiraient pas au salaire des gardes, la somme qui manquerait serait répartie au marc la livre de la contribution foncière, mais serait à la charge de l'exploitant : toutefois les gages des gardes des bois communaux seront prélevés sur le produit de ces bois, et séparés des gages de ceux qui conservent les autres propriétés rurales.

IV. Dans l'exercice de leurs fonctions, les gardes champêtres pourront porter toutes sortes d'armes qui seront jugées leur être nécessaires par le directoire du département. Ils auront sur le bras une plaque de métal ou d'étoffe, où seront inscrits ces mots : LA LOI, le nom de la municipalité, celui du garde.

V. Les gardes champêtres seront âgés au moins de vingt-cinq ans ; ils seront reconnus pour gens de bonnes mœurs, et ils seront reçus par le juge de paix : il leur fera prêter le serment de veiller à la conservation de toutes les propriétés qui sont sous la foi publique, et de toutes celles dont la garde leur aura été confiée par l'acte de leur nomination.

VI. Ils feront, affirmeront et déposeront leurs rapports devant le juge de paix de leur canton ou l'un de ses assesseurs, ou feront devant l'un ou l'autre leurs déclarations. Leurs rapports, ainsi que leurs déclarations, lorsqu'ils ne donneront lieu qu'à des récla-

16.

mations pécuniaires, feront foi en justice pour tous les délits mentionnés dans la police rurale ; sauf la preuve contraire.

VII. Ils seront responsables des dommages, dans le cas où ils négligeront de faire, dans les vingt-quatre heures, le rapport des délits.

VIII. La poursuite des délits ruraux sera faite au plus tard dans le délai d'un mois, soit par les parties lésées, soit par le procureur de la commune ou ses substituts, s'il y en a, soit par des hommes de loi commis à cet effet par la municipalité, faute de quoi il n'y aura pas lieu à poursuite.

TITRE II. *Police rurale.*

ART. III. Tout délit rural ci-après mentionné sera punissable d'une amende ou d'une détention, soit municipale, soit correctionnelle, ou de détention et d'amende réunies, suivant les circonstances et la gravité du délit, sans préjudice de l'indemnité qui pourra être due à celui qui aura souffert le dommage. Dans tous les cas, cette indemnité sera payable par préférence à l'amende. L'indemnité et l'amende sont dues solidairement par les délinquants.

IV. Les moindres amendes seront de la valeur d'une journée de travail au taux du pays, déterminée par le directoire du département. Toutes les amendes ordinaires qui

» n'excèderont pas la somme de trois journées
» de travail, seront doubles en cas de récidive
» dans l'espace d'une année, ou si le délit a
» été commis avant le lever ou après le cou-
» cher du soleil ; elles seront triples, quand les
deux circonstances précédentes se trouveront réunies : elles seront versées dans la
caisse de la municipalité du lieu.

V. Le défaut de paiement des amendes et
des dédommagements ou indemnités n'en-
traînera la contrainte par corps que vingt-
quatre heures après le commandement. La
détention remplacera l'amende à l'égard des
insolvables, mais sa durée en commutation
de peine ne pourra excéder un mois. Dans
les délits pour lesquels cette peine n'est
point prononcée, et, dans les cas graves où
la détention est jointe à l'amende, elle pourra
être prolongée du quart du temps prescrit
par la loi.

VII. Les maris, pères, mères, tuteurs,
maîtres, entrepreneurs de toute espèce, seront civilement responsables des délits commis par leurs femmes et enfants, pupilles,
mineurs, n'ayant pas plus de vingt ans et
non mariés, domestiques, ouvriers, voituriers et autres subordonnés. L'estimation du
dommage sera toujours faite par le juge de
paix ou ses assesseurs, ou par des experts
par eux nommés.

VIII. Les domestiques, ouvriers, voituriers ou autres subordonnés seront, à leur

tour, responsables de leurs délits envers ceux qui les emploient.

X. Toute personne qui aura allumé du feu dans les champs plus près que cinquante toises des maisons, bois, bruyères, vergers, haies, meules de grains, de paille ou de foin, sera condamné à une amende égale à la valeur de douze journée de travail, et paiera en outre le dommage que le feu aurait occasionné. Le délinquant pourra de plus, suivant les circonstances, être condamné à la détention de police municipale.

XXVII. Celui qui entrera à cheval dans les champs ensemencés, si ce n'est le propriétaire ou ses agents, paiera le dommage et une amende de la valeur d'une journée de travail : l'amende sera double si le délinquant y est entré en voiture. Si les blés sont en tuyaux, et que quelqu'un y entre même à pied, ainsi que dans toute autre récolte pendante, l'amende sera au moins de la valeur de trois journées de travail, et pourra être d'une somme égale à celle due pour dédommagement au propriétaire.

XXVIII. Si quelqu'un, avant leur maturité, coupe ou détruit de petites parties de blé vert, ou d'autres productions de la terre, sans intention manifeste de les voler, il paiera en dédommagement au propriétaire une somme égale à la valeur que l'objet aurait eu dans sa maturité ; il sera condamné à une amende égale à la somme du dédommagement, et il pourra l'ètre à la détention de police municipale.

XXIX. Quiconque sera convaincu d'avoir dévasté des récoltes sur pied, ou abattu des plants venus naturellement, ou faits de main d'homme, sera puni d'une amende double du dédommagement dû au propriétaire, et d'une détention qui ne pourra excéder deux années.

XXX. Toute personne convaincue d'avoir, de dessein prémédité, méchamment, sur le territoire d'autrui, blessé ou tué des bestiaux ou chiens de garde, sera condamné à une amende double de la somme du dédommagement. Le délinquant pourra être détenu un mois, si l'animal n'a été que blessé; et six mois, si l'animal est mort de sa blessure ou en est resté estropié : la détention pourra être du double, si le délit a été commis la nuit, ou dans une étable, ou dans un enclos rural.

XXXIV. Quiconque maraudera, dérobera des productions de la terre qui peuvent servir à la nourriture des hommes, ou d'autres productions utiles, sera condamné à une amende égale au dédommagement dû au propriétaire ou fermier; il pourra aussi, suivant les circonstances du délit, être condamné à la détention de police municipale.

XXXV. Pour tout vol de récolte fait avec des paniers ou des sacs, ou à l'aide des animaux de charge, l'amende sera du double du dédommagement ; et la détention, qui aura toujours lieu, pourra être de trois mois, suivant la gravité des circonstances.

XXXIX. Conformément au décret sur les fonctions de la gendarmerie nationale, tout dévastateur des bois, des récoltes, ou chasseur masqué, pris sur le fait, pourra être saisi par tout gendarme national, sans aucune réquisition d'officier civil.

XL. Les cultivateurs ou tous autres qui auront dégradé ou détérioré, de quelque manière que ce soit, des chemins publics, ou usurpé sur leur largeur, seront condamnés à la réparation ou à la restitution et à une amende qui ne pourra être moindre de trois livres, ni excéder vingt-quatre livres.

XLI. Tout voyageur qui déclorra un champ pour se faire un passage dans sa route, paiera le dommage fait au propriétaire, et de plus une amende de trois journées de travail, à moins que le juge de paix du canton ne décide que le chemin public était impraticable ; et alors les dommages et les frais de clôture seront à la charge de la communauté.

XLII. Le voyageur qui, par la rapidité de sa voiture ou de sa monture, tuera ou blessera des bestiaux sur les chemins, sera condamné à une amende égale à la somme du dédommagement dû au propriétaire des bestiaux.

XLIII. Quiconque aura coupé ou détérioré des arbres sur les routes, sera condamné à une amende du triple de la valeur des arbres, et à une détention qui ne pourra excéder six mois.

Établissements des gardes champêtres. (Extrait de la loi du 20 messidor an III.)

Art. Ier. Il sera établi, immédiatement après la promulgation du présent décret, des gardes champêtres dans toutes les communes rurales de la République; les gardes déjà nommés, dans celles où il y en a, pourront être réélus d'après le mode suivant.

II. Les gardes champêtres ne pourront être choisis que parmi les citoyens dont la probité, le zèle et le patriotisme seront généralement reconnus; ils seront nommés par l'administration du district, sur la présentation des conseils généraux des communes; leur traitement sera aussi fixé par le district d'après l'avis du conseil général, et réparti au marc la livre de l'imposition foncière.

III. Il y aura au moins un garde par commune, et la municipalité jugera de la nécessité d'y en établir davantage.

IV. Tout propriétaire aura le droit d'avoir pour ses domaines un garde champêtre; il sera tenu de le faire agréer par le conseil général de la commune, et confirmer par le district : ce droit ne pourra l'exempter néanmoins de contribuer au traitement du garde de la commune.

V. La police rurale sera exercée provisoirement par le juge de paix.

VI. Les gardes champêtres seront tenus de citer devant lui les citoyens pris en flagrant délit. Si le délinquant n'est pas domicilié et refuse de se rendre à la citation, le garde pourra requérir de la municipalité mainforte, et les citoyens requis ne pourront se refuser d'obéir aux ordres qui leur seront donnés.

VII. Sur les indications administrées par les gardes champêtres, le juge de paix pourra autoriser des recherches chez les personnes soupçonnées de vol, en présence de deux officiers municipaux.

VIII. Le juge de paix prononcera sans délai contre les prévenus, et jugera d'après les dispositions de la loi du 28 septembre 1791 ; la peine sera pécuniaire, et ne pourra être moindre de la valeur de cinq journées de travail, outre la restitution de la valeur du dégât ou du vol qui aura été fait, sans préjudice des peines portées par le Code pénal, lorsque la nature du fait y donnera lieu ; et en ce cas, le juge de paix renverra au directeur du jury.

IX. Les jugements prononcés seront exécutés dans la huitaine, à peine d'un mois de détention jusqu'au paiement, sans que la détention puisse excéder un mois, nonobstant l'appel.

X. A l'égard des délits commis dans les

forêts nationales et particulières, le prix de la restitution et de l'amende sera provisoirement déterminé par les tribunaux, d'après la valeur actuelle des bois.

XI. La conservation des récoltes est mise sous la surveillance et la garde de tous les bons citoyens.

XII. Il sera placé à la sortie principale de chaque commune, l'inscription suivante :

Citoyens, respecte les propriétés et les productions d'autrui ; elles sont le fruit de son travail et de son industrie.

XIII. La Convention nationale décrète que le titre II de la loi du 6 octobre 1791, sur la police rurale, sera imprimé de nouveau, et placardé dans toutes les communes, à la suite du présent décret.

XIV. Les juges de paix, les municipalités, les corps administratifs, les procureurs des communes, sont responsables de l'exécution de la présente loi.

XV. Lecture sera faite de la présente loi, par les officiers municipaux, en présence du peuple.

Ordonnance du 15 août 1814. (Chasse et louveterie.)

ART. Iᵉʳ. La surveillance et la police des chasses, dans toutes les forêts de l'État, sont dans les attributions du grand veneur.

II. La louveterie fait partie des mêmes attributions.

III. Les conservateurs, les inspecteurs,
sous-inspecteurs et gardes forestiers, rece-
vront les ordres du grand veneur, pour tout
ce qui a rapport aux chasses et à la louveterie.

IV. Nos ministres secrétaires d'État aux
départements de notre maison et des finances sont chargés, chacun en ce qui le concerne, de la promulgation des présentes.

*Règlement du 20 août 1814. (Chasses dans les
forêts et bois des domaines de l'État.)*

ART. 1er. Tout ce qui a rapport à la police
des chasses est dans les attributions du grand
veneur, conformément à l'ordonnance du
15 août 1814.

II. Le grand veneur donne ses ordres aux
conservateurs forestiers pour tous les objets
relatifs aux chasses : il en prévient en même
temps l'administration générale des forêts.

III. Il est défendu à qui que ce soit de
prendre ou de tuer, dans les forêts ou bois
royaux, les cerfs et les biches.

IV. Les conservateurs, inspecteurs, sous-
inspecteurs et gardes forestiers, sont spécia-
lement chargés de la conservation des chasses
sous les ordres du grand veneur, sans que ce
service puisse les détourner de leurs fonctions de conservateurs des bois et forêts de

l'État. Tout ce qui a rapport à l'administration de ces bois et forêts reste sous la surveillance directe de l'administration forestière, et dans les attributions du ministre
des finances.

V. Les permissions de chasse ne seront accordées que par le grand veneur : elles seront
signées de lui, enregistrées au secrétariat
général de la vénerie, et visées par le conservateur dans l'arrondissement duquel ces
permissions auront été accordées.

Le conservateur enverra au préfet et au
commandant de la gendarmerie le nom de
l'individu dont il aura visé la permission.

Les demandes de permissions seront adres-
sées, soit au grand veneur, soit aux conservateurs, qui les lui feront parvenir.

Ces permissions ne seront accordées que
pour la saison des chasses, et seront renouvelées chaque année, s'il y a lieu.

VI. Il sera accordé deux espèces de permissions de chasse : celle de chasse à tir et
celle de chasse à courre.

VII. Tous les individus qui auront obtenu
des permissions de chasse sont invités à
employer ces permissions à la destruction
des animaux nuisibles, comme loups, renards, blaireaux, etc. Ils feront connaître
au conservateur des forêts le nombre de ces
animaux qu'ils auront détruits, en lui envoyant la patte droite. Par là ils acquerront
des droits à de nouvelles permissions, l'in-

tention du grand veneur était de faire contribuer le plaisir de la chasse à la prospérité de l'agriculture et à l'avantage général.

VIII. Des conservateurs et inspecteurs forestiers veilleront à ce que les lois et les règlements sur la police des chasses, et notamment les lettres patentes du 30 avril 1790, soient ponctuellement exécutés. Ceux qui chasseront sans permission seront poursuivis conformément aux dispositions de ces lettres patentes.

TITRE Ier. *Chasse à tir.*

ART. 1er. Les permissions de chasse à tir commenceront, pour les forêts de l'État, le 15 septembre, et seront fermées le 1er mars.

II. Ces permissions ne pourront s'étendre à d'autre gibier qu'à celui dont elles contiendront la désignation.

III. L'individu qui aura obtenu une permission de chasse ne doit se servir que de chiens couchants et de fusil.

IV. Les battues ou traques, les chiens courants, les lévriers, les furets, les lacets, les panneaux, les piéges de toute espèce, et enfin tout ce qui tendrait à détruire le gibier par d'autres moyens que celui du fusil, est défendu.

V. Le gardes forestiers redoubleront de soins et de vigilance dans le temps des pontes et dans celui où les bêtes fauves mettent bas leurs faons.

TITRE II. *Chasse à courre.*

ART. Ier. Les permissions de chasse à courre seront acordées de la manière mentionnée à l'article 5 des dispositions générales.

II. Elles seront données de préférence aux individus que leur goût et leur fortune peuvent mettre à même d'avoir des équipages et de contribuer à la destruction des loups, des renards et des blaireaux, en remplissant l'objet de leurs plaisirs.

III. Les chasses à courre, dans les forêts et dans les bois de l'État, seront ouvertes le 15 septembre, et seront fermées le 15 mars

IV. Les individus auxquels il aura été accordé des permissions pour la chasse à courre, obtiendront des droits au renouvellement de ces permissions, en prouvant qu'ils ont travaillé à la destruction des renards, loups, blaireaux et autres animaux nuisibles, ce qu'ils feront constater par les conservateurs forestiers.

Organisation de la Louveterie. (20 *août* 1814.)

La louveterie est dans les attributions du grand veneur. (*Ordonnance du* 15 *août* 1814.)

Le grand veneur donne des commissions honorifiques de lieutenant de louveterie.

dont il determine les fonctions et le nombre, par conservation forestière et par département, dans la proportion des bois qui s'y trouvent et des loups qui les fréquentent.

Ces commissions seront renouvelées tous les ans.

Les dispositions qui peuvent être faites par suite des différents arrêtés concernant les animaux nuisibles, appartiennent à ces attributions.

Les lieutenants de louveterie reçoivent les instructions et les ordres du grand veneur, pour tout ce qui concerne la chasse des loups.

Ils sont tenus d'entretenir à leurs frais un équipage de chasse, composé au moins d'un piqueur, deux valets de limiers, un valet de chiens, dix chiens courants et quatre limiers.

Ils seront tenus de procurer les piéges nécessaires pour la destruction des loups, renards et autres animaux nuisibles, dans la proportion des besoins.

Dans les endroits que fréquentent les loups, le travail principal de leur équipage doit être de le détourner, d'entourer les enceintes avec les gardes forestiers, et de les faire tirer au lancé : on découple, si cela est jugé nécessaire ; car on ne peut jamais penser à détruire les loups en les forçant. Au surplus, ils doivent présenter toutes leurs idées pour parvenir à la destruction de ces animaux.

Dans le temps où la chasse à courre n'est

plus permise, ils doivent particulièrement s'occuper à faire tendre des piéges avec les précautions d'usage, faire détourner les loups; et, après avoir entouré les enceintes de gardes, les attaquer à traits de limiers, sans se servir de l'équipage, qu'il est défendu de découpler; enfin faire rechercher avec grand soin les portées de louves.

Quand les lieutenants de louveterie ou les conservateurs des forêts jugeront qu'il serait utile de faire des battues, ils en feront la demande au préfet qui pourra lui-même provoquer cette mesure : ces chasses seront alors ordonnées par le préfet, commandées et dirigées par les lieutenants de louveterie, qui de concert avec lui et le conservateur, fixeront le jour, détermineront les lieux et le nombre d'hommes. Le préfet en préviendra le ministre de l'intérieur et le grand veneur.

Ils feront connaître ceux qui auront découvert des portées de louveteaux. Il sera accordé pour chaque louveteau une gratification qui sera double si l'on parvient à tuer la louve.

Tous les habitants sont invités à tuer les loups sur leurs propriétés; ils en enverront les certificats aux lieutenants de louveterie de la conservation forestière, lesquels les feront passer au grand veneur, qui fera un rapport au ministre de l'intérieur, à l'effet de faire accorder des récompenses.

Les lieutenants de louveterie feront connaître journellement les loups tués dans leur arrondissement, et, tous les ans, enverront un état général des prises.

Tous les trois mois, ils feront parvenir au grand veneur un état des loups présumés fréquenter les forêts soumises à leur surveillance.

Les préfets sont invités à envoyer les mêmes états d'après les renseignements particuliers qu'ils pourraient avoir.

Attendu que la chasse du loup, qui doit occuper principalement les lieutenants de louveterie, ne fournit pas toujours l'occasion de tenir les chiens en haleine, ils ont le droit de chasser à courre, deux fois par mois, dans les forêts de l'État faisant partie de leur arrondissement, le chevreuil-brocard, le sanglier ou le lièvre, suivant les localités. Sont exceptés les forêts ou les bois du domaine de l'État de leur arrondissement, dont la chasse est particulièrement donnée par le roi aux princes ou à toute autre personne.

Il leur est expressément défendu de tirer sur le chevreuil et le lièvre ; le sanglier est excepté de cette disposition, dans le cas seulement où il tiendrait aux chiens.

Ils seront tenus de faire connaître, chaque mois, le nombre d'animaux qu'ils auront forcés.

Les commissions de lieutenants de louveterie seront renouvelées tous les ans ; elles seront retirées dans le cas où les lieutenants n'auraient pas justifié de la destruction des loups.

Tous les ans, au 1er mai, il sera fait, sur le nombre des loups tués dans l'année, un rapport général qui sera mis sous les yeux du roi.

L'uniforme est déterminé comme il suit : habit bleu, droit, à la française, avec collet et parements de velours bleu pareil, galonné sur le devant et au collet ; poches à la française et en pointe, également galonnées, parements en pointe, avec deux chevrons pour les lieutenants.

Le galon sera or et argent ;

Boutons de métal jaune, sur lesquels sera empreint un loup ;

Veste et culotte chamois ;

Chapeau retappé à la française, avec ganse en or et en argent ;

Couteau de chasse en argent, avec un ceinturon en buffle jaune, galonné comme l'habit.

Bottes à l'écuyère :

Éperons plaqués en argent.

Uniforme des piqueurs.

L'habit sera le même que celui des officiers, excepté que le bouton sera en métal blanc, et que le galon sera un tiers d'or sur deux tiers d'argent.

Harnachements du cheval.

Bride à la française, avec bossette, sur laquelle sera un loup;

Bridon de cuir noir;

Selle à la française, en veau-laque blanc ou en velours cramoisi;

Housse cramoisie, garnie en galon or et argent;

Croupière noire, unie, et la boucle plaquée;

Étriers noirs, vernis;

Martingale noire, unie;

Sangles à la française.

Cet uniforme est permis, mais non obligatoire.

XVII. *Port d'armes.*

Extrait de la loi des finances. (28 *avril* 1816.)

ART. LXXVII *Titre* VII. Les dispositions des lois, décrets et ordonnances auxquelles il n'est pas dérogé par la présente loi, et qui régissent actuellement la perception des droits d'enregistrement, permis de *port d'armes,* etc., etc., sont et demeurent maintenus.

Néanmoins, le droit sur les permis de *port d'armes* est réduit à quinze francs.

Délivrance des permis de port d'armes. (Ordonnance du 17 juillet 1816.)

LOUIS , etc. Vu le décret du 11 juillet 1810 et l'art 77 de la loi du 28 avril 1816.

Considérant que la faculté accordée aux personnes décorées des ordres français d'obtenir des permis de port d'armes, en payant seulement un franc, n'a point été confirmée par la loi du 28 avril qui a réduit de moitié le prix de ces permis ; que cette exemption est en opposition avec le texte de l'esprit de notre Charte, qui n'admet aucun privilége en matière de contributions ;

Sur le rapport de notre ministre secrétaire d'État des finances, nous avons ordonné et ordonnons ce qui suit :

ART. 1er. La faculté accordée par les décrets des 22 mars 1811 , et 12 mars 1813, aux personnes décorées des ordres français qui existaient alors , de ne payer qu'un franc fixe pour l'obtention du port d'armes , laquelle faculté a été étendue par notre ordonnance du 9 septembre 1814 , aux chevaliers de notre ordre royal et militaire de Saint-Louis, est et demeure supprimée: en conséquence le droit de quinze francs, fixé par l'article 77 de la loi du 28 avril dernier, sera payé indistinctement par tous ceux qui seront dans le cas de se pourvoir de ces permis

II. La gratification de trois francs, précédemment accordée à tout gendarme, garde champêtre ou forestier qui constate des contraventions aux lois et règlements sur la chasse est portée à cinq francs.

III. Notre chancelier de France, ayant par *interim* le portefeuille du ministère de la justice , et nos ministres secrétaires d'État aux départements des financest e de la police générale , sont chargés , chacun en ce qui le concerne , de l'exécution de la présente ordonnance , qui sera insérée au Bulletin des lois.

Vente des poudres de chasse. (Extrait de l'ordonnance du 25 mars **1816.** *)*

TITRE Ier *Dispositions générales.*

A_{RT}. Ier A dater du 1er juin , la vente des poudres de chasse, de mine et de commerce, sera exclusivement exploitée par la direction générale des contributions indirectes.

Il en sera de même de la vente des poudres de guerre, destinées aux armements du commerce maritime et à la consommation des artificiers patentés.

La direction générale des contributions indirectes comptera du produit de cette vente dans la même forme que du produit de la vente des tabacs.

II. Une ordonnance spéciale déterminera, chaque année, sur la proposition de nos ministres secrétaires d'État aux départements de la guerre, de la marine et des finances, le taux auquel chacun de ces deux derniers départemeuts remboursera à la direction générale des poudres le prix de la fabrication des poudres qui lui seront livrées par cette direction dans le cours de l'année.

Les poudres seront vendues au commerce et aux particuliers, par la direction générale des coutributions indirectes, aux prix déterminés par la loi.

III. La vente des poudres au public continuera d'être soumise, sous l'exploitation de la direction générale des contributions indirectes, aux lois, ordonnances et règlements actuellement en vigueur sur la matière.

TITRE II. *Mesures d'exécution.*

V. A dater du 1er octobre prochain, les poudres de chasse de toute espèce ne seront vendues qu'en rouleaux ou paquets d'un demi, d'un quart et d'un huitième de kilogramme.

Chaque rouleau sera formé d'une enveloppe de plomb, et revêtu d'une vignette indiquant l'espèce, le poids et le prix de la poudre, et sera fourni, ainsi confectionné, par la direction générale des poudres.

Dans aucun cas, le poids de l'enveloppe ne sera compté dans le poids de la poudre.

Fermeture de la chasse. (Ordonnance du 25 février 1825).

Nous, conseiller d'État, préfet de police,

Vu les lettres patentes du roi, concernant la chasse, données à Paris, le 30 avril 1790;

Et l'article 2 de l'arrêté du gouvernement, du 12 messidor an 8 (1er juillet 1800);

Ordonnons ce qui suit:

ART. 1er A compter du 1er mars prochain, et jusqu'à nouvel ordre, l'exercice de la chasse est défendu à toutes personnes, dans le ressort de la préfecture de police, *sur les terres non closes, même en jachères,* sous les peines prononcées par l'article 1er des lettres patentes du 30 avril 1790.

II. Les propriétaires ou possesseurs pourront néanmoins chasser dans celles de leurs possessions qui sont séparées des héritages d'autrui par des murs ou par des haies vives (*art. 13 des lettres patentes sus-énoncées*), pourvu qu'ils soient porteurs d'un permis de port d'armes. (*Article 1er du décret du 4 mai 1812.*)

III. Les propriétaires ou possesseurs, autres que simples usagers, pourront également, sous la même condition, chasser ou faire chasser, *sans chiens courants,* dans leurs bois et forêts. (*Article 14 des mêmes lettres patentes.*)

IV. Les maires et les adjoints de maire, les officiers de la gendarmerie, les commissaires de police, les gardes champêtres et les gardes forestiers, constateront les contraventions à la présente ordonnance, par des procès-verbaux qui nous seront adressés.

V. Les contrevenants seront dénoncés aux tribunaux, pour être poursuivis conformément aux lois.

Ouverture de la chasse. (Ordonnance du 23 août 1824).

Nous conseiller d'État, préfet de police,

Vu la loi des 28 et 30 juillet 1790, le décret du 11 juillet 1810, et les arrêtés, règlements et ordonnances rendues sur le fait de la chasse et sur le droit de port d'armes,

Ordonnons ce qui suit :

Art. 1er La chasse sera ouverte le 1er septembre prochain, dans toute l'étendue du département de la Seine, et dans les communes de Saint-Cloud, Sèvres et Meudon, dépendantes du département de Seine-et-Oise, et faisant partie du ressort de la préfecture de police.

Il est défendu de chasser avant cette époque, même sous prétexte de tirer des hirondelles le long des rivières.

Il est également défendu de chasser dans les vignes avant que les vendanges soient entièrement terminées, et dans les champs ensemencés et plantés de légumes , avant la fin de la récolte.

II. Les règlements et ordonnances de police sur la chasse continueront d'être exécutés selon leur forme et teneur.

§ XVIII. *Extrait du Code civil.*

Art. 564. Les pigeons, lapins, poissons , qui passent dans un autre colombier, garenne ou étang, appartiennent au propriétaire de ces objets, pourvu qu'ils n'y aient point été attirés par fraude ou artifice.

715. La faculté de *chasser* ou de *pêcher* est réglée par des lois particulières.

Extrait du Code pénal.

Art. 28. Quiconque aura été condamné à la peine des travaux forcés à temps, du bannissement, de la réclusion ou du carcan, sera déchu du droit de *port d'armes.*

42. Les tribunaux, jugeant correctionnellement, pourront, dans certains cas, interdire, en tout ou en partie, l'exercice du droit de *port d'armes.*

43. Les tribunaux ne prononceront l'interdiction mentionnée dans l'article précédent, que lorsqu'elle aura été autorisée ou ordonnée par une disposition particulière de la loi.

209. Toute attaque, toute résistance avec

violence et voies de fait envers les officiers
ministériels, les gardes champêtres ou forestiers, est qualifiée, selon les circonstances,
crimes ou délits de rébellion.

210. Si elle a été commise par plus de
vingt personnes armées, les coupables seront
punis de travaux forcés à temps, et s'il n'y a
pas eu *port d'armes*, ils seront punis de la réclusion.

211. Si la rébellion a été commise par une
réunion armée de trois personnes et plus,
jusqu'à vingt inclusivement, la peine sera la
réclusion; s'il n'y a pas eu *part d'armes*, la
peine sera un emprisonnement de six mois
au moins et deux ans au plus.

212. Si la rebellion n'a été commise que
par une ou deux personnes avec armes, elle
sera punie d'un emprisonnement de six mois
à deux ans; et, si elle a eu lieu sans armes,
d'un emprisonnement de six jours à six
mois.

319. Quiconque, par maladresse, impru-
dence, inattention, négligence ou inobserva-
tion des règlements, aura commis involontairement un homicide, ou en aura été involontairement la cause, sera puni d'un emprisonnement de trois mois à deux ans, et d'une
amende de cinquante francs à six cents
francs.

320. S'il n'est résulté du défaut d'adresse
ou de précaution que des blessures ou coups,
l'emprisonnement sera de six jours à deux

mois, et l'amende sera de seize francs à cent francs.

338. Quiconque aura volé dans des champs des chevaux ou bêtes de charge, de voiture ou de monture, gros et menus bestiaux, etc , sera puni de la réclusion.

Il en sera de même à l'égard du vol de poisson en étang, vivier ou réservoir.

452. Quiconque aura empoisonné des chevaux ou autres bêtes de voiture, etc., ou des poissons dans des étangs, viviers ou réservoirs, sera puni d'un emprisonnement d'un an à cinq ans, et d'une amende de seize francs à trois cents francs. Les coupables pourront être mis, par l'arrêt ou le jugement, sous la surveillance de la haute police pendant deux ans au moins, et cinq ans au plus.

453. Ceux qui, sans nécessité, auront tué l'un des animaux mentionnés au précédent article, seront punis ainsi qu'il suit :

Si le délit a été commis dans les bâtimens, enclos et dépendances, ou sur les terres dont le maître de l'animal tué était propriétaire, locataire, colon ou fermier, la peine sera un emprisonnement de deux mois à six mois.

S'il a été commis dans les lieux dont le coupable était propriétaire, locataire, colon ou fermier, l'emprisonnement sera de six jours à un mois.

S'il a été commis dans tout autre lieu, l'emprisonnement sera de quinze jours à six semaines.

Le *maximum* de la peine sera toujours prononcé en cas de violation de clôture.

454. Quiconque aura, sans nécessité, tué un animal domestique dans un lieu dont celui à qui cet animal appartient est propriétaire, locataire, colon ou fermier, sera puni d'un emprisonnement de six jours au moins et de six mois au plus.

S'il y a eu violation de clôture, le *maximum* de la peine sera prononcé.

§ XIX. *Instruction facile pour les gardes champêtres, forestiers et gardes chasse.*

Presque tous les livres qui traitent de la chasse et de la pêche renferment des instructions fort courtes sur les devoirs que les préposés à la conservation des eaux et forêts et les gardes chasse ont à remplir. Mais il faut le dire ici, ces sortes de *catéchismes,* par *demandes* et par *réponses,* ne contiennent qu'un petit nombre de préceptes et sont insuffisants pour former ce qu'on appelle un bon garde chasse. Il ne faut pas, sans doute, avoir la prétention d'en faire un légiste ni un procureur ; mais il convient qu'il connaisse assez les lois et les règlements pour donner à ses rapports un caractère qui inspire la confiance à ses supérieurs. C'est dans cette intention que nous allons considérer les devoirs imposés au garde chasse.

La première condition pour un garde qui

doit embrasser cet état est de savoir lire, écrire, et d'être en état de répondre sur tous les articles des lois relatives à ses fonctions.

La seconde, c'est d'être connu pour un homme irréprochable dans ses mœurs. Il doit avoir chez lui le règlement général des chasses, et en savoir les dispositions principales.

Les *gardes* doivent faire leur rapport contre ceux qui chassent avec des armes, furets, collets, bâtons, ou autrement, et qui tirent *sans permission.*

Contre ceux qui font des ouvertures aux murs de leur enclos.

Contre ceux qui font de nouvelles clôtures en murs ou haies, ou construisent des bâtiments dans la campagne, qui font des plantations de bois, ceux qui ouvrent des trous, fossés, puits ou carrières sans permission.

Contre toutes sortes de personnes qui laissent vaguer des chiens dans les plaines et dans les bois.

Contre les propriétaires dont les bestiaux pâturent hors des lieux et des terres à ce destinés.

Contre les voituriers qui passent sans permission dans la route des bois.

Contre ceux qui n'épinent point aux temps et aux lieux prescrits, ou qui arrachent les épines.

Contre ceux qui cueillent des herbes dans les champs et qui y vaguent. Contre ceux enfin qui laissent dans les plaines, le long des chemins et sur l'étendue d'une capitainerie, bestiaux morts, vidanges et boyauderies.

On ne saurait trop le répéter aux gardes forestiers, gardes champêtres et autres : ils sont responsables de tous les délits, dégâts et abroutissements qui se commettent dans l'enceinte dont la surveillance leur est confiée. Et, faute par eux de dénoncer les délinquants, ils encourent les mêmes peines que s'ils avaient eux-mêmes commis les délits qu'ils sont chargés de réprimer.

La privation de leurs gages ou émoluments, la destitution de leur emploi, et la certitude du déshonneur, voilà ce qui les attend. Cette considération doit donc les exciter à s'acquitter scrupuleusement de leurs devoirs, pour empêcher qu'il ne se commette de délit dans les forêts qui ne vienne aussitôt à leur connaissance et dont ils ne dressent un rapport.

Leur principale étude doit consister, d'une part, à faire exécuter tout ce qui est prescrit par les ordonnances non abrogées pour l'économie des bois, et par *les lois, les règlements* de S. A. S. monseigneur le grand veneur de la couronne: de l'autre, à empêcher qu'on ne fasse tout ce qui est défendu par les lois précitées. L'inexécution ou la contravention à tous ces règlements est précisément la matière des procès-verbaux et rapports qu'il doivent rédiger et remettre sans délai à leurs supérieurs.

Observations sur les rapports.

Circonstances.

I. 1° Il faut commencer par mettre l'année, le jour et la date du mois ;

2° L'heure du matin, du soir ou de la nuit ;

3° Son nom, ses qualités, fonctions et résidence, si c'est en allant ou venant d'un lieu en un autre ;

4° Désigner la forêt, le triage, la rivière ou la terre où le délit a été commis ; le chasseur, le pêcheur et l'endroit où ils verbalisent ;

5° Le nom, surnom, demeure et qualité du délinquant ; la nature du délit ; si c'est un ou plusieurs arbres, en exprimer l'espèce, l'âge ; distinguer si c'était un baliveau, un pied-cornier, un arbre de lisière ou de parois, ou autre arbre ; la longueur et largeur au pied ; le tour, pris à un demi-pied de terre, si on l'a déshonoré en coupant les branches, ou si l'on n'a coupé que du taillis ; de quel âge et combien de charge ou de somme, et les ferrements ou moyens dont on s'est servi pour commettre le délit.

II. S'il s'agit d'un délit en fait de pacage ou de pâturage, il faut que le garde spécifie le bétail, comme chevaux, juments, poulains, bœufs, vaches, chèvres, moutons ; les désigner, autant qu'il est possible, par la différence de leur poil, par leur nombre; si c'est dans les forêts, l'âge du taillis et s'il est défensable.

III. En fait de bois, il faut que le garde désigne s'il y a des chevaux ou autres bêtes tirantes, harnais, chariots, charrettes, le poil des bêtes et leur nombre, ainsi que le bois chargé ou sur place qu'il reconnaîtra être en délit, et saisir le tout.

Dans le cas où il ne pourrait conduire en fourrière les choses saisies, par la résistance des délinquants, il doit en charger les conducteurs et leur déclarer, par le même procès-verbal, qu'il les en établit gardiens. Il doit en user ainsi à l'égard des bestiaux pris en pâture.

IV. Lorsqu'un garde dresse un procès-verbal, il doit avoir soin d'avertir le délinquant qu'il l'assigne verbalement à comparaître devant l'autorité locale, au premier jour d'audience qu'il indiquera dans son rapport. S'il saisit quelque chose et le met en séquestre chez un tiers, il doit laisser au gardien copie de son rapport et procès-verbal de saisie, avec assignation au premier jour d'audience, pour voir ordonner ce que de raison.

V. Tout garde qui composerait avec les délinquants, et prendrait de l'argent pour supprimer ses rapports, doit s'attendre à être poursuivi extraordinairement, et puni comme prévaricateur et concussionnaire.

VI. Le garde doit tenir un petit **registre**, côté et paraphé par nombre, signé de son supérieur, sur lequel il devra engistrer les délits qu'il a reconnus, ses rapports et tous les actes de sa charge, et faire en sorte qu'il n'y ait point de ratures, de pages déchirées ou en blanc. Après qu'il aura fait son rapport au greffe ou à son supérieur, il lui en sera donné décharge au bas de son petit registre.

VII. Il est défendu de se servir de lacs, tirasses, traîneaux, bricoles de corde et fil d'archal, pièces et pans de rets ; colliers, alliers de fil et de soie, ainsi que de prendre les œufs de cailles, de perdrix et de faisans.

VIII. Il est défendu de chasser sur les terres ensemencées, depuis que le blé sera en tuyaux, et dans les vignes, depuis le premier mai jusqu'après la dépouille, et de se servir d'armes à feu, brisées par la crosse ou par le canon, de cannes et de bâtons creusés ; de chasser au feu et de tirer à l'arquebuse sur les pigeons, et de prendre aucune sorte d'oiseaux dans les forêts royales, sans une permission expresse de S. A. S. monseigneur le grand veneur ou de ceux qui le représentent.

Un garde doit scrupuleusement veiller à la conservation des aires d'oiseaux.

IX. En fait de chasse, le garde doit expliquer si c'est dans les bois ou dans les grains, le matin, l'après-midi ou la nuit ; si les chasseurs ont *chiens*, gibecières ou autres instruments, et si c'est dans une saison prohibée.

X. Le garde doit empêcher que les chiens des laboureurs ne se répandent dans les plaines ou les bois, s'ils n'ont le jarret coupé et un billot au cou.

Article xxxix *de l'ordonnance du roi du mois d'août 1669.*

Les sergents à *garde* de nos forêts et *gardes* plaines de nos plaisirs ne pourront faire aucun exploit que pour le fait de nos eaux et forêts, et chasses, à peine de faux, révoquant pour cet effet toutes lettres d'ampliations que nous leur pourrions avoir accordées.

Article ix *de l'ordonnance du roi du mois d'août 1669.*

Les sergents à *garde* où se trouveront des aires d'oiseaux seront chargés de leur conservation par acte particulier, et demeureront responsables.

Article vi *de l'ordonnance du roi du mois d'août 1669.*

Pourront pareillement les *gardes* des plaines, et les sergents à *garde* de nos bois, lorsqu'ils feront leurs charges, étant couverts et

revêtus de casaques de nos livrées, et non
autrement, y porter pistolets, tant de nuit
que de jour, pour la défense de leurs personnes.

Modèle d'un procès-verbal d'un rapport simple,
pour délit commis en fait de bois.

L'an mil huit cent.... le .... jour du mois
de .... environ sur les six heures du matin ....
je .... garde de la forêt royale de Fontaine-
bleau, demeurant à .... soussigné, certifie
qu'étant dans ladite forêt, pour y remplir les
devoirs de ma charge, j'aurais trouvé le
nommé .... qui y coupait avec une hache plusieurs cépées de bois taillis de chêne, de l'âge
de six ans ou environ, dont il avait déjà fait
deux fagots, lequel, aussitôt qu'il m'aurait
aperçu, aurait pris la fuite, et je lui aurais
dit que je lui donnais, comme de fait je lui
aurais donné, assignation au premier jour
d'audience, par-devant M. ....., en son siége
en ladite ville (ou commune) qui sera le sa-
medi vingt-cinq du courant, pour se voir
condamner aux peines prescrites par la loi;
en foi de quoi j'ai signé ..... lesdits jour et an
que dessus; et lui ai laissé copie du présent.

Si le garde, en matière de bois, fait saisir
des ferrements, harnais et bêtes de voiture,
il l'explique dans son procès - verbal, redigé
comme ci-dessus. Et ajoute, en s'adressant
aux délinquants :

«Auxquels j'aurais fait commandement, de par Sa Majesté le roi, de me suivre et d'amener leurs charrettes, lesquelles j'aurais fait conduire et mener à .... et y aurais établi séquestre et gardien le nommé .... fermier ou métayer, trouvé en personne et parlant à lui-même, lui faisant défense de se dessaisir desdits chevaux, charrettes et bois, et même des instruments qui ont servi à les couper, qu'autrement par justice en eût été ordonné, à peine d'en répondre en son propre et privé nom, comme dépositaire des biens de la justice; déclarant, au surplus, auxdits .... que je leur donnais assignation au premier jour d'audience, qui aura lieu, etc., pour se voir condamner aux peines de la loi, et audit séquestre pour voir être dit qu'il sera tenu de représenter les choses saisies, toutefois et quantes il en sera requis, et leur ai laissé à chacun copie du présent procès-verbal, à ce qu'ils n'en ignorent; en foi de qui j'ai signé, lesdits jour et an.»

VOCABULAIRE DU CHASSEUR.

A.

Abattures. Nom que l'on donne aux traces qu'un cerf laisse sur les gaulis.

Accouer. Joindre le cerf lorsqu'il est forcé.

Adoué. Associé par couple. Se dit des oiseaux en général.

Aiguillonné. On nomme ainsi les fumées d'un cerf quand elles sont en nœuds et portent un aiguillon, ce qui annonce que le cerf a été récemment tourmenté.

A la mort chiens ! Cri de chasse qui annonce la prise du cerf.

Alan. Chien de grosse espèce qui ressemble au dogue.

Albran. Jeune canard sauvage.

Albrener. Faire la chasse aux albrans.

Allaiter. Tettes de la louve.

Aller-au-bois. Chercher le cerf.

Aller d'assurance. Marcher au pas. Se dit de la bête chassée lorsqu'elle ne montre pas de crainte.

Aller de hautes erres. On dit que la bête chassée va de hautes erres, quand on reconnaît qu'elle a passé il y a six ou sept heures dans le lieu où l'on se trouve.

Aller sur soi. Revenir sur ses pas.

Allongé. Adjectif qui signifie qu'un oiseau a les pennes entières.

Allure. Marche du gibier.

Ameuter. Former une meute en réunissant un certain nombre de chiens.

Andouillers. Nom des premiers cors qui sortent des perches du cerf.

Annuer. Suivre les perdrix qui lèvent en les tenant en joue.

Appâter. Attirer des oiseaux dans un lieu avec du grain ou quelque autre appât.

Appel. Faire un appel ; sonner du cor pour animer les chiens.

Appercher. Remarquer l'arbre sur lequel se perche un oiseau pour y passer la nuit.

Appelant. Nom que l'on donne à un oiseau dressé à appeler les autres oiseaux.

Appuyer les chiens. Les soutenir et les diriger du cor et de la voix.

Aquercy hau ! Cri de chasse qui signifie la bête a passé ici.

Arantelles. Sorte de filandres qui poussent au pied du cerf.

Arbalète. Espèce de piège destiné à prendre les loirs.

Arrêt (être en). Se dit du chien qui s'arrête quand il sent le gibier.

Assentiment. Odeur qui remet le chien sur la voie de la bête.

Attaquer. Lancer les chiens sur la bête.

Avener. Garder à vue une pièce de gibier.

Au lit, chiens ! Cri de chasse employé pour faire quêter les chiens et lancer le lièvre.

Aunée. Mailles des filets qui sont triples.

B.

Balancer. On dit que la bête balance lorsqu'étant poursuivie elle vacille ou marche d'un pas mal assuré.

Bander au vent. Se dit d'un oiseau qui se tient sur les chiens.

Barrer. Un chien barre quand il hésite sur les voies.

Battre l'eau. Se dit d'un cerf qui, poursuivi depuis longtemps, traverse une rivière à la nage.

Baubis. Chien qui chasse également bien le sanglier et le lièvre.

Baud. Espèce de chien courant.

Baudir. Animer les chiens avec le cor.

Bauge. Lieu où le sanglier se couche.

Beau chasseur. Se dit d'un chien qui se tient bien dans la voie.

Bellement ! Cri de chasse que l'on emploie pour ramener les chiens dans la voie.

Bien chevillé. On dit d'un cerf qu'il est bien chevillé, quand il a beaucoup d'andouillers à la tête.

Bigle, Race de chiens qui chassent particulièrement le lièvre et le lapin.

Bilbande. Lorsque l'on quête çà et là avec les chiens, cela s'appelle chasser à la bilbande.

Bondir. Se dit d'une bête que l'on chasse, et qui fait lever d'autres bêtes.

Bosse. Nom que l'on donne à la première poussée d'un cerf après qu'il a mis bas.

Botte. On appelle ainsi le collier d'un limier. On donne également le nom de *botte* à la partie du harnais d'un cheval de chasse où se place le fusil.

Bouquin. Lièvre hors d'âge.

Boutis. Espace de terre fouillé par un sanglier.

Branchier (oiseau). On nomme ainsi les jeunes oiseaux qui ne peuvent que voltiger de branche en branche.

Brehaigne. Biche stérile.

Bricoler. Aller à droite et à gauche. Se dit particulièrement des chiens qui vont çà et là quand ils ont perdu la voie.

Briser bas. Lorsqu'un chasseur est seul sur la voie de la bête, il casse des branches d'arbre et les met par terre en ayant soin de tourner le gros bout du côté où va la bête, et le petit bout d'où elle vient.

Briser haut. C'est casser des branches d'arbre à moitié sur le chemin où la bête vient de passer.

Brosser. Se dit des cerfs qui font du bruit en fuyant.

Brunir. Se dit d'une bête fauve qui frotte sa tête sur la terre.

C.

Canardier. Fusil dont le canon est très long, et que l'on emploie particulièrement pour tirer les canards sauvages.

Casemate. Retraite souterraine où le renard se réfugie et où il se défend contre les chiens.

Catterolles. Terrier où les lapins mettent bas. *Ça va là haut !* Cri de chasse pour exciter les chiens.

Cerceau. On nomme ainsi les pennes du bout de l'aile des faucons et des éperviers.

Cervaison. Cerf bien gras.

Change (prendre le). C'est quitter la voie de la bête que l'on poursuit, pour en poursuivre une autre.

Charbonnière. Lieu où le cerf brunit, c'est-à-dire où il frotte sa tête contre terre.

Chasse de gueule. On dit qu'un limier chasse de gueule quand il ne cesse d'aboyer en courant.

Chenil. Corps de logis destiné aux chiens.

Chevillé. Un cerf est chevillé quand son bois se termine par plusieurs rameaux.

Cheviller. Rameaux qui sortent des bois du cerf.

Chien armé. Chien qui porte une armure afin d'attaquer le sanglier avec avantage.

Chien-clabaud. Espèce de chien courant dont les oreilles sont longues et pendantes.

Chien épointé. On dit qu'un chien est époin té lorsqu'il a une cuisse cassée.

Chien ergoté. Chien qui porte un ongle double à l'un de ses pieds.

Chien corneau. Chien de race croisée (màtin et chien courant).

Chien courant. Chien chassant par le senti- ment.

Chien d'aiguail. Sorte de chien qui ne chasse bien que le matin.

Chien du haut jour. Sorte de chien qui ne chasse bien que trois ou quatre heures après le lever du soleil.

Chien étruffé. Chien boiteux.

Choupille. Chien dressé pour la chasse au fusil.

Cimier. Nom que l'on donne à la croupe des bêtes sauvages.

Clabauder. Se dit d'un chien courant qui chasse et rabat des voies.

Clatir. Se dit d'un chien qui redouble ses cris en poursuivant le lièvre.

Clé, clé de meute. Ce sont les meilleurs chiens de la meute.

Cluser la perdrix. C'est exciter les chiens à faire sortir la perdrix du buisson où elle s'est remisée.

Collé à la voie. Se dit d'un chien qui ne s'écarte pas de la piste de l'animal.

Collier de force. Collier garni de clous, dont les pointes sont en dedans, et qui sert pour dresser les chiens de plaine.

Connaissances. Indices de l'âge et de la force du cerf.

Contre-pied (suivre le). C'est suivre les traces à rebours.

Cornichons. Andouillers.

Cors. Les cors sortent de la perche du cerf. Le premier s'appelle andouiller, le second sur-andouiller, les suivants cors, chevilles ou chevillures, doigts ou épois.

Couais, tout couais. Cri de chasse pour faire taire les chiens qui aboient mal à propos.

Couper. C'est lorsqu'un chien quitte la voie de la bête qu'il chasse étant avec les autres.

Court jointé. Oiseau qui a les jambes courtes.

Couronne. Duvet qui entoure le bec d'un oiseau.

Créance. On appelle chien de créance un chien sûr.

Curée. Partie du cerf que l'on fait manger aux chiens.

D.

Daguet. Cerf poussant son premier bois.

Daintiers. Testicules du cerf.

Danseur. Chien qui voltige et ne suit pas la voie.

Debout. Mettre un animal *debout,* c'est le lancer.

Débuché. Se dit d'un cerf lancé qui quitte le bois.

Débucher le cerf. Le faire sortir du bois.

Déchaussières. Lieu où a gratté le loup, où il s'est déchaussé.

Décousures. C'est ainsi qu'on appelle les blessures que le sanglier fait aux chiens avec ses défenses.

Décroûtet. Se dit des cerfs lorsqu'ils vont au frayoir nettoyer leur tête après la chute de leur bois.

Déliées. Fumées bien mâchées ; en termes de chasse, bien moulues.

Délivré. Qui n'a point de corsage et qui est presque sans chair.

Démêler la voie. Trouver la voie du cerf couru au milieu des autres cerfs.

Demeure. Endroit fourré et commode pour la retraite des animaux.

Déployer le trait. Allonger la corde de crin qui tient à la *botte* (au collier) du limier.

Dérober la voie. Un chien *dérobe la voie*, lorsque, allant à la tête de la meute, il chasse sans crier.

Dérober(se). Gibier qui file à bas bruit, en se cachant.

Derrière. Terme employé lorsqu'on veut arrêter un chien, et le faire demeurer derrière soi.

Détourner le cerf. C'est tourner autour de l'endroit où le cerf est entré, et s'assurer qu'il n'en est pas sorti.

Donner le cerf aux chiens. C'est lancer les chiens et les faire découpler sur les voies du cerf.

Dorées. Fumées du cerf qui sont jaunes.

Drap de curée. Toile sur laquelle on étend la moûée qu'on donne aux chiens quand on leur fait curée de la bête qu'ils ont prise.

Dresser. On dit qu'un animal *dresse* par les fuites, lorsqu'après avoir fait plusieurs ruses, il fuit et perce droit devant lui.

Droit. Prendre, tenir, ou avoir *droit* ; c'est-à-dire que les chiens ne prennent pas le change, et sont sur la bonne voie.

E.

Ébat. Mener les chiens à l'*ébat*, c'est les promener.

Empaumer la voie. Prendre la voie de l'animal chassé.

Empaumures. C'est le haut de la tête du cerf et du chevreuil, qui s'élargit comme une main.

Enceinte. Lieu où le valet de limier détourne les bêtes avec son limier.

Enfourchure. Se dit de la tête du cerf, lorsque l'extrémité du bois se divise en deux pointes en forme de fourche.

Enlever la meute. C'est lorsqu'au lieu de laisser chasser les chiens, on les arrête pour les conduire par le plus court chemin pour les remettre sur la voie.

En revoir. C'est avoir des indices du cerf par le pied.

Entées. Fumées de cerf ou de biche, dont deux

ne font qu'une , et qui peuvent se séparer sans se rompre.

Épois. Cors qui sont placés au sommet de la tête du cerf.

Éponge. C'est ce qui forme le talon des bêtes fauves.

Épreintes. On nomme ainsi les fientes de loutre.

Erres du cerf. Traces ou voies de cet animal.

Érucir. Le cerf érucit lorsqu'il prend une branche dans sa bouche et la suce pour en avoir la sève.

Étraquer. Suivre un animal par la neige, jusqu'à son gîte.

Étriqué. Un chien *étriqué* a peu de corps, et il est haut sur les jambes.

Éventer la voie. C'est lorsqu'elle est si vive que le chien la sent sans mettre le nez à terre.

Éverrer Oter le ver ou filet de la langue aux jeunes chiens.

F.

Faire sa nuit. Aussitôt que le jour finit, le cerf sort de sa demeure, et va aux gagnages, où il reste jusqu'au lendemain matin ; c'est ce qu'on appelle *faire sa nuit.*

Faire sa tête. Un cerf fait sa tête ou pousse sa tête depuis le mois de mars jusqu'au mois d'août.

Faux-marcher. Se dit de la biche qui biaise en marchant après qu'elle a mis bas.

Faux-marqué. Se dit lorsqu'à une tête de cerf il ne se trouve que six cors d'un côté et sept de l'autre.

Faux-repaître. En passant une plaine, un cerf chassé et mal mené s'arrête, et prend dans sa bouche le grain ou l'herbe qu'il trouve devant lui, mais, ne pouvant pas l'avaler, il le laisse tomber l'instant d'après; c'est ce qui s'appelle *faire un faux-repaître ;* cela prouve que le cerf est tout à fait sur ses fins.

Ferme. On désigne ainsi le chien qui arrête bien.

Fientes. Excréments des bêtes puantes.

Filer. Le gibier *file* quand il vole sans crochet.

Fins. Un animal est *sur ees fins*, lorsqu'il est près d'être force.

Flastrures. Se dit du lieu où le lièvre et le loup s'arrètent et se mètent sur le ventre lorsqu'ils sont chassés par des chiens courants.

Folilets. C'est ce que l'homme chargé de dépecer lève le long du défaut des épaules du cerf aussitôt qu'il est dépouillé.

Forceau. Piquet sur lequel est appuyé un filet et qui le retient de force.

Forlonger. Parcourir un grand pays.

Fosse. Trou creusé d'aplomb pour prendre les loups.

Foulée, foulure. Traces de la forme du pied d'une bête, sur l'herbe ou les feuilles.

Fouler une enceinte. On foule une enceinte en

y entrant à cheval avec des chiens pour lancer ou pour relancer un cerf.

Frapper à route. Faire détourner les chiens pour les faire relancer le cerf.

Frayer. C'est lorsque les cerfs, chevreuils et daims dépouillent leur tête de leur peau velue dans laquelle elle s'est formée.

Frayoir, ou Frevoir. On appelle ainsi le baliveau contre lequel les cerfs frottent leur tête pour en détacher une peau velue qui la couvre.

Fuite. Voie du cerf qui va fuyant.

Fumées. Fientes des bêtes fauves.

G.

Gagnages. Lieux où sont les grains et où se rendent les bêtes fauves la nuit pour se repaître.

Garde à toi. Terme dont le valet de limier se sert pour parler à son chien quand il veut se rabattre.

Gardes. Ergots du sanglier au-dessus du talon.

Garre. Terme dont se sert celui qui laisse courre et entend partir le cerf de la reposée, afin d'indiquer aux piqueurs qu'il est lancé.

Garrière. Terme d'oiseleur, qui désigne une petite rigole pratiquée à l'effet de cacher le ressort d'un filet.

Giboyer. Chasser avec le fusil, à pieds et sans bruit.

Giboyeux. Abondant en gibier.

Gigotté. Chien qui a les cuisses rondes et les hanches larges.

Gîte. Lieu où le lièvre repose pendant le jour.

Gouttières. Raies creuses qui se trouvent le long des perches ou du merrain de la tête du cerf, du daim ou du chevreuil.

Grais. Défenses du sanglier.

Gros ton. Ton bas du cor.

Guède ou *Guide.* Perche qui guide un filet tendu pour prendre les oiseaux.

H.

Ha, tout bellement ! Lorsqu'on soupçonne qu'il y a du change, et qu'on voit les chiens balancer, on crie *ha, tout bellement ! ha, hailà tout ! bellement !*

Ha, hai. Lorsque les chiens tournent au change, on crie en leur parlant, et en les arrêtant : *ha, hai, chiens, ha hai !*

Haire. Jeune cerf d'un an.

Halener. Sentir le gibier.

Haler. Faire courir les chiens.

Hallali. Lorsqu'un cerf tient aux chiens, on crie *hallali, hallali !* et lorsqu'il est tombé, on crie, *hallali, par terre !*

Hallier. Se dit d'un plant de buissons et d'arbrisseaux dans lesquels les lièvres se sauvent pour éviter le chasseur.

Halte. Rendez-vous de chasse ; moment de repos pour les chasseurs et les chiens.

Hampe. Poitrine du cerf.

Har. Terme d'usage lorsque le cerf est dans l'eau.

Harbou-chiens. Terme dont se sert le piqueur pour exciter les chiens courants à la chasse du loup.

Harde. Troupe de bêtes fauves.

Hardée. Rupture que font les biches dans les taillis où elles vont viander.

Harder. Tenir plusieurs chiens courants accouplés ensemble avec une longue laisse de crin pour relayer.

Hare. Terme dont les chasseurs font usage pour exciter les chiens.

Harou-aly, ou *Hary-cut-ali*. Terme dont se sert le valet du limier en s'adressant à son chien lorsqu'il laisse *courre* une bête.

Harpailler. Quand les chiens tournent au change, qu'ils se séparent et qu'ils chassent des biches, on dit *les chiens chassent mal, ils ne font que harpailler.*

Hary. Terme que le piqueur emploie pour rendre les chiens attentifs, lorsque la bête qu'ils chassent s'est accompagnée, afin de les obliger d'en garder le change.

Hase. Nom que les chasseurs donnent à une vieille lapine, à la femelle du lièvre, et même à la femelle du sanglier.

Hâter son erre. C'est lorsque le cerf fuit.

Hava, Haila. Lorsque le limier se rabat et qu'il est au bout de son trait, on lui dit : *hava, haila, ho, garde à toi.*

Haut à haut. Terme dont un veneur se sert pour appeler son camarade.

Haut à haut, à moitié à haut. Terme pour appeler les chiens, et les faire venir à soi.

Haye. Terme dont on doit user pour arrêter les chiens.

Herbaut. On donne ce nom aux chiens de chasse qui se jettent avec trop de violence sur le gibier.

Herbeiller. Paître l'herbe.

Holo, lo, lo, lo, lo, loooo. Terme dont use le valet de limier, le matin, lorsqu'il va au bois, pour exciter son chien à aller devant, et à se rabattre sur les bêtes qui passeront.

Hou, hou, après l'ami. Termes dont se sert le valet de limier pour exciter son chien quand il détourne les bêtes fauves.

Houilleau. Lorsqu'on veut faire boire les chiens, et qu'ils sont dans l'eau, on leur dit *Houilleau, chiens, houilleau.*

Houper. C'est quand un chasseur appelle son compagnon pour l'avertir qu'il a trouvé une bête qu'on peut courre.

Houraillis. Mauvaise meute.

Hourva, à moi, theau. Terme d'usage lorsque les piqueurs veulent faire venir à eux les chiens pour les faire entrer en quelque taillis ou fort.

Hourva. Lorsque le limier se rabat, et qu'on veut le faire revenir dans ses voies pour se rabattre du coté opposé, on lui dit : *hé, hourva !*

Hourvary. Un animal fait un *hourvary* lorsqu'il ruse pour tromper les chiens.

Huage. Cris divers que l'on fait à la chasse pour faire aller les bêtes où l'on veut.

Huée. Cri des chasseurs quand le sanglier est pris.

I.

Il vali chiens. C'est ainsi que l'on parle aux chiens lorsqu'ils chassent à la discrétion et à la prudence du piqueur.

L.

Laisse. Corde de trois brasses, avec laquelle on tient les lévriers jusqu'à ce qu'ils aient découvert le gibier.

Laissées. Fientes de loup et de bêtes noires.

Laisser courre. C'est *faire courir* la bête qu'on chasse aux chiens courants.

Lancer. Faire partir de la reposée les bêtes fauves pour donner à courre aux chiens.

Layla, layla, chiens. Terme dont le piqueur doit user avec ses chiens pour les tenir en crainte lorsqu'il aperçoit que la bête qu'il chasse est accompagnée, pour les engager à garder le change.

Levretter. Chasser au lièvre, le courre, avec des lévriers.

Lévrier. Chiens très-vites et de mauvais nez, dont on se sert pour courre le lièvre.

Limes. On nomme ainsi les deux grosses dents inférieures du sanglier; on les appelle aussi *dagues* et *défenses.*

Limier. Chien qui ne porte point, mais qui sert à quêter le cerf et à le lancer hors de son fort.

Liteau. Lieu où se couche et repose le loup pendant le jour.

Longer un chemin. C'est lorsqu'une bête va d'assurance ou qu'elle fuit.

Louveterie. Équipage pour la chasse du loup.

M.

Maillé. Perdreau qui a toutes ses plumes.

Mal moulu. On dit des fumées d'un jeune cerf, qu'elles sont mal moulues ou mal digérées.

Mal semé. C'est lorsque le nombre des andouillers est non pair aux têtes de cerf, daim et chevreuil.

Marcassins. Petits de la laie.

Martelées. Fientes enfumées des bêtes fauves, qui n'ont point d'aiguillons au bout, et qui semblent battues à coups de marteau.

Massacre. Tête du cerf, du daim ou du chevreuil, séparée du corps.

Méjuger (se). C'est, à l'égard d'une bête qu'on chasse, porter les pieds de derrière au delà ou en deçà des pieds de devant du même côté.

Menée. On dit d'un chien qu'il a une bonne menée, qu'il chasse de bonne grâce.

Menée. Droite route du cerf en fuyant.

Mettre bas. C'est pour le cerf quitter son bois, ce qui arrive au printemps.

Meule. Espèce de bosse qui vient sur le haut de la tête du cerf, d'où sort sa ramure ou son merrain ; cette *meule* s'appelle aussi *base* et *cailleux.*

Meute. Assemblage de plusieurs chiens dressés pour la chasse.

Mots. Sonner un ou deux mots, c'est sonner un ou deux tons longs de cor.

Mouée. Mélange du sang de la bête qu'on a chassée avec du lait : on donne cet aliment aux chiens quand on fait la curée.

Mue. Un des côtés de la tête du cerf, du daim et du chevreuil, qu'il met bas lorsqu'il mue, en février ou en mars.

Mufle. Bout du nez des bêtes sauvages.

Muloter. C'est lorsque le sanglier va cherchant les caches des mulots.

Muse du cerf. Commencement du rut.

N.

Nasiller. Se dit d'un chien qui quête le nez en terre.

Nouées. Fumées du cerf depuis la mi-juillet

jusqu'à la fin d'août. Il les jette toutes formées, grosses, longues et *nouées*.

O.

Oisillons. Petits oiseaux.
Ordre. L'espèce et la qualité des chiens. On dit un bel ordre de chiens.
Ourvari. Voyez *Hourvary*.
Ouvertes. Têtes de cerf, de daim, de chevreuil, dont les perches sont fort écartées.

P.

Paramont. Sommet de la tête du cerf.
Parc. L'enceinte de toiles dans laquelle on enferme les bêtes noires pour les courir.
Parchasser. Chasser une bête avec des chiens courants, lorsqu'il y a deux ou trois heures qu'elle est passée.
Paré (pied). Pied usé.
Parement du cerf. Chair rouge qui vient par-dessus la venaison du cerf des deux côtés du corps.
Passe-passe le cerf, passe, passe. Terme dont se servent les piqueurs lorsqu'ils aperçoivent le cerf, après avoir rappelé les chiens.
Patte. Pied du loup : talon, doigts, ongles et fossette.
Pelage. Couleur du poil des bêtes fauves.

Pied. Empreinte du pied de la bête de chasse sur la terre.

Pierrures. Petites pierres qui sont sur la meule de la tête d'un cerf, d'un daim ou d'un chevreuil.

Pieu. Bâton dont se servent les oiseleurs pour faire agir leurs piéges.

Pigache. Connaissance que les chasseurs tirent du pied du sanglier; c'est quand il a une pince à la trace plus longue que l'autre.

Pillart. Chien querelleur.

Pinces. Les deux bouts des pieds des bêtes fauves.

Pinsonnée. Chasse aux petits oiseaux.

Piste. Voie du loup, du renard.

Plateaux. Fientes et fumées des bêtes fauves, plates, rondes, et en forme de bousards.

Plate-longe. Longue bande de cuir que l'on met au cou des chiens pour modérer leur course.

Poudrer. Chasser un lièvre dans un temps de sécheresse.

Prendre le vent. C'est mener les chiens courants pour prendre le devant d'une bête.

Prendre les devants. C'est lorsqu'on a perdu les voies d'une bête, et que l'on fait un grand tour pour en remontrer d'autres.

Q.

Quêter ou *aller en quête.* C'est lorsqu'un valet

du limier va détourner les bêtes avec son limier.

R.

Rabattre. Tomber sur la voie d'une bête qui est debout.

Raboulières. Trous où la lapine fait ses petits.

Raccoupler. Remettre les chiens en laisse et en couple.

Raccourcir un cerf. On *raccourcit un cerf* en donnant un relais bas et raide, ou en enlevant les chiens pour les rapprocher d'un cerf qui a de l'avance.

Railés. On dit les chiens sont bien *railés*, lorsqu'ils sont tous de même taille.

Raire. Crier.

Rallier. Lorsque les chiens chassent du change, on les arrête, et on les ramène avec ceux qui chassent leur cerf : c'est ce qui s'appelle *rallier*.

Rally. Lorsque les chiens qui ont été séparés rejoignent ceux qui chassent, on dit en leur parlant, *rally, chiens rally*.

Rameuter. Arrêter les chiens qui tiennent la tête, et les faire aller derrière soi pour attendre ceux qui suivent de loin, et les faire chasser tous ensemble.

Ramures. Bois de cerf.

Raser. Se dit du gibier qui se tapit contre terre pour se cacher.

Ravaler. Lorsqu'un cerf est très vieux, il

pousse des têtes irrégulières et basses : on dit pour lors, *c'est un cerf qui ravale.*

Rebaudir. Les chiens *rebaudissent,* quand ils ont la queue droite, et qu'ils sentent quelque chose d'extraordinaire.

Rechasser. Faire rentrer dans les forêts les bêtes qui se sont écartées dans les buissons.

Récrier (se). Se dit du cri de détresse du chien à qui la bête fait tête de trop près.

Redonner. On relance et on *redonne* un cerf aux chiens, quand on le requête.

Refait. Bois qui se renouvellent.

Refuir. Gibier qui fuit devant le chasseur, qui ruse et revient sur ses pas pour dérouter les piqueurs.

Refus. Cerf de trois ans.

Regalis. Place où le chevreuil a gratté du pied

Rejets. Petites baguettes élastiques qui servent dans les piéges qu'on tend aux oiseaux.

Relever le défaut. Retrouver la voie et lancer de nouveau.

Rembuchement. C'est quand une bête est rentrée dans le fort.

Remettre. Une perdrix se *remet* quand, après avoir fait son vol, elle s'abat.

Remise. Lieu où le gibier s'arrête après qu'on l'a fait lever.

Remontrer. Donner connaissance des voies de la bête qui est passée.

Rencontrer. Trouver une voie.

Reposée. Lieu où les bêtes fauves se mettent sur le ventre pour y dormir pendant le jour.

Requêter un cerf ou un chevreuil. C'est lorsqu'on l'a couru et brisé le soir, et qu'on va le quêter le lendemain avec le limier pour le relancer aux chiens, ou quand on a perdu les voies, qu'on est en défaut et qu'on le fait relancer.

Ressui. Le lieu où se met la bête pour s'essuyer de la rosée du matin, ou de sa sueur, après avoir été chassée.

Retraite. On dit sonner la retraite pour faire retirer les chiens.

Revenu du cerf. Nouveau bois.

Ridées. Fientes ou fumées des vieux cerfs et vieilles biches.

Rompre les chiens. Les rappeler et leur faire quitter ce qu'ils chassent.

Routailler. Chasser de gueule, c'est chasser le sanglier ou le loup avec un chien tenu au trait.

Ruse. Le bout de la ruse. C'est lorsqu'au bout du retour d'une bête, on s'aperçoit que ses voies sont simples, qu'elle s'en va et qu'elle perce.

Ruser. C'est lorsqu'une bête chassée va et vient sur les mêmes voies, à dessein de se défaire des chiens.

S.

Semé, bien semé. Lorsqu'à la tête d'un cerf, d'un daim, d'un chevreuil, le nombre des andouillers se trouve pair.

S'en va, chiens. C'est ainsi qu'on parle aux chiens lorsqu'on chasse. Les équivalents sont : *il va là, chiens ; outre-vaux, chiens.*

Sole. Le milieu du dessous du pied des grandes bêtes.

Sonner. A la chasse on *sonne* du cor pour rappeler les chiens, les rassembler et les exciter. On dit *sonner un mot ou deux du gros ton*, quand le piqueur fait signe à un de ses compagnons d'aller à lui.

Sortir du fort. Se dit d'une bête qui débuche de son fort.

Souffler. Quand le chien est sur le point d'atteindre un lièvre, on dit qu'il lui *souffle le poil.*

Suivre. C'est lorsqu'un limier suit les voies d'une bête qui va d'assurance.

Suites. Testicules du sanglier.

Sur andouiller. Grand andouiller qui se voit à quelques têtes de cerf, et qui excède en longueur les autres de l'empaumure.

T.

Taïbo ou *Tayaut.* Cri du chasseur quand il aperçoit un cerf, un daim ou un chevreuil.

Talon. Le haut du pied du cerf, qui sert à distinguer son âge.

Tanière. Nom donné à la retraite des bêtes sauvages.

Tendue. Suite de piéges tendus.

Tenir la voie. La suivre sans broncher.

Terrier. Trous des renards, des blaireaux, des lapins.

Tête. Bois ou cornes du cerf.

Tête enfourchée. Cerf dont les dards du sommet font la fourche.

Thiahillaud. Terme d'usage lorsque le cerf commence à dresser par les fuites, et que le veneur en est certain. C'est ainsi qu'il crie jusqu'à ce que les chiens soient arrivés jusqu'à lui.

Tireur. Chasseur qui fait usage d'un fusil.

Tirez, chiens; tirez. Terme qu'on emploie pour faire suivre les chiens quand on les appelle.

Tourner. Quand la bête poursuivie par les chasseurs fait un retour, on dit qu'elle *tourne.*

Trace. Marque que les bêtes laissent de leurs pieds sur la terre.

Traineau. Filet pour prendre les perdrix.

Traînée. Espèce de chasse au loup.

Trait. Lesse qui sert à conduire les chiens à la chasse.

Traquer. C'est entourer un bois et y enfermer des bêtes fauves, de manière qu'elle ne puissent se sauver sans être vues par les chasseurs.

Troches. Fumées à demi formées.

V.

Va outre. Terme dont se sert le valet du limier lorsqu'il est au bois, et qu'il allonge le trait à son limier et le place devant lui pour le faire quêter.

Vaucelets. Cri qui désigne qu'on aperçoit la voie.

Voutrait. Grand épuipage de chasse entretenu pour courre le sanglier et les bêtes noires.

Va-y-là. Terme employé par le valet du limier quand il arrête son chien, pour connaître s'il est sur la voie de la bête qu'on veut chasser.

Velci-aller. Terme dont se sert le valet de limier en parlant à son chien, pour l'obliger à suivre les voies d'une bête, quand il en a rencontré.

Velci-va-vau. Terme qu'emploie le valet de limier quand il court une bête qui va d'assurance.

Vele-là. Terme qu'emploie le piqueur quand il voit le lièvre, le loup ou le sanglier.

Velours. Peau qui couvre le bois des bêtes fauves au moment où il repousse.

Venaison. Graisse surabondante du cerf.

Vénerie. Art de chasser le gibier à poil, à force de chiens courants et de piqueurs.

Veneur. Celui qui conduit la chasse et les chiens.

Vent. Odeur qu'une bête laisse à son passage.

Vermillonner. Terme qui désigne l'action du blaireau qui fouille la terre pour y chercher des vers.

Viander. Brouter, manger.

Viandis. Pâture des bêtes fauves.

Vla-au ou *Vlaoo.* Cri du chasseur à la vue du sanglier ou du loup.

Voies. On appelle ainsi les grands chemins, au lieu que les petits sentiers se nomment routes.

Voies. Pied du cerf, chevreuil ou daim.

Vol ou *volant.* On donne le nom de *volants* aux pliants des abreuvoirs sur lesquels on tend des gluaux.

Voice-lest. Terme qu'on emploie quand on revoit la bête fauve qui va fuyant.

Vonge. Épieu du veneur armé d'un large fer.

Vue. On chasse à *vue* quand on voit le gibier. *Aller à la vue*, c'est découvrir s'il y a dans le pays des bêtes courables.

TABLE DES MATIÈRES.

CHAPITRE PREMIER.

DES ARMES ET MUNITIONS.

Du fusil.   1
Des différentes sortes de fusils.   2
De la poudre à canon.   13
Du plomb de chasse.   16
Des bourres.   17
Balles ramées.   18
Charge du fusil.   ib.
Des différentes manières de tirer.   20
Manière de faire des cartouches pour les fusils à la Pauly.   24
Manière de charger et de tirer le fusil à la Pauly.   27
Habillement du chasseur.   31

CHAPITRE II.

DES CHEVAUX ET DES CHIENS DE CHASSE.

Chevaux de chasse.   33
Chiens de chasse.   35
Manière d'élever les chiens courants.   40
Chiens de plaine, autrement dits chiens d'arrêt.   41
Manière d'apprendre aux chiens à rapporter.   42
Du collier de force.   43
Marques auxquelles on connaît en général l'âge des chiens.   44
Moyens d'habituer un chien à aller à l'eau.   45
Saisons de la chasse en général.   46

CHAPITRE III.

PIÉGES, FILETS ET ENGINS PROPRES A CHASSER TOUTES
SORTES DE GIBIER.

Abreuvoirs. 48
Allier. 49
Appeaux. 5o
Araigne. 52
Arbret ou Arbrot. 53
Brai. 54
Bricolle. 55
Buisson engloé. ib.
Collet. ib.
Cornets englués. 57
Courcaillet. ib.
Filets. 58
Frouer. ib.
Glu. 59
Gluaux. 6o
Hausse-pied. 62
Hutte ambulante. 63
Loge pour le pipeur. ib.
Mésangette. 64
Miroirs à alouettes. 65
Nappes. 67
Nasse. 71
Nœuds de l'oiseleur. ib.
Outils de l'oiseleur. 72
Pantière. 73
Pipeau. ib.
Pipée. 74
Pliants. 77
Raquette. ib.
Rejet. ib.
Repos. 78
Reverbère pour les canards. ib.
Sauterelle. 79
Traîneau. ib.
Tramail. 8c
Trappe. ib.

Traquenard. 82
Trébuchet. ib.
Vache artificielle. ib.

CHAPITRE IV.

NOTIONS GÉNÉRALES SUR LE GIBIER A POIL.

Le Cerf. 84
Le Daim. 86
Le Chevreuil. 88
Le Chamois. 89
Le Sanglier. 91
La Laye. ib.
Le Loup. 93
Le Renard. 94
Le Blaireau. 96
La Loutre. 98
Le Lièvre. 100
Le Lapin. 102
Le Furet. 104

CHAPITRE V.

CHASSE A COURRE, A TIR ET AUX PIÉGES.
(GIBIER A POIL.)

Chasse du Cerf. 105
Chasse du Daim. 107
Chasse du Chevreuil. 108
Chasse du Chamois. 109
Chasse du Sanglier. 110
Chasse du Loup. 111
Chasse du Loup au fusil. ib.
Chasse du Loup au chien courant et au lévrier. 112
Moyen employé pour attirer les Loups. 113
Manière de prendre les Loups à l'hameçon. ib.
Chasse du Renard. 114
Chasse du Blaireau. 115
Chasse de la Loutre. 116
Chasse du Lièvre. 117
Chasse du Lièvre aux chiens courants. 118

Chasse du Lièvre au fusil. 120
Manière de chasser le Lièvre à l'affût. 121
Procédé pour chasser le Lièvre au collet. 123
Chasse du Lapin. 124
Chasse du Lapin au fusil. ib.
Chasse du Lapin au furet. ib.
Chasse du Lapin à l'écrevisse. 126
Chasse du Lapin, à l'appeau, au collet, à la fumée. 127
Lés Garennes. 129

CHAPITRE VI.

CHASSE AU FUSIL, AUX FILETS, ETC. (GIBIER A PLUMES), AVEC DES NOTIONS SUR LES HABITUDES DES DIFFÉ-RENTS OISEAUX.

L'Aigrette. 130
L'Alouette. ib.
L'Alouette de mer. 132
L'Avocette. 133
La Bartavelle. ib.
La Bécasse. ib.
La Bécassine. 135
Le Bihoreau. 136
Le Blongios. 137
Le Butor. ib.
La Caille. 138
Le Canard sauvage. 139
Le Canepétière. 145
Le Chevalier-Brun. 146
Le Combattant. ib.
Le Coq de bruyère. ib.
Le Corbeau et la Corneille. 147
Le Cul-Blanc. 149
L'Étourneau. ib.
Le Faisan. 150
Le Héron. 151
Le Ganga. 153
Le Garrot. ib.
La Gélinotte. ib.
Le Grèbe. 154
La Grive. ib.

La Grue. 156
Le Guignard. 157
La Litorne. 158
La Macreuse. ib.
Le Mauvis. ib.
Le Merle. ib.
Le Milouin. 159
La Morelle. 160
Le Morillon. ib.
L'Oie sauvage. ib.
L'Ortolan. 161
L'Outarde. ib.
La Perdrix. 162
Le Filet. 167
Le Plongeon. ib.
Le Pluvier. ib.
La Poule d'eau. ib.
Le Râle d'eau. 169
Le Ramier. 170
Le Ridenne. 171
La Sarcelle. 172
Le Louchet. 173
Le Tadorne. ib.
La Tourterelle. 175
Le Vanneau. 176
Le Vingeon. 177

LOIS, ORDONNANCES, RÈGLEMENTS, ETC. SUR LA CHASSE, ET SUR LA POLICE RURALE QUI S'Y RAPPORTE.

§ XV. Date et titre des lois, décisions, ordonnances anciennes, etc., relatives à la chasse. 178
§ XVI. Extrait de la loi du 9 octobre 1791, concernant les biens et usages ruraux, et la police rurale. 183
   SECTION PREMIÈRE. Principes généraux. ib.
   SECTION VIII. Gardes champêtres. 184
TITRE II. Police rurale. 186
Établissements des gardes champêtres. (Extrait de la loi du 20 messidor an III.) 191
Ordonnance du 15 août 1814. (Chasse et louveterie.) 193

Règlement du 20 août 18.4. (Chasse dans les forêts et bois des domaines de l'État.)   194
TITRE Ier. Chasse à tir.   196
TITRE II. Chasse à courre.   197
Organisation de la louveterie. (20 août 1814.)   ib.
Uniforme des piqueurs.   201
Harnachement du cheval.   202
§ XVII. Port d'armes.   ib.
Extrait de la loi des finances. (28 avril 1816.)   ib.
Délivrance des permis de port d'armes. (Ordonnance du 17 juillet 1816.)   203
Vente des poudres de chasse. (Extrait de l'ordonnance du 25 mars 1816.)   204
TITRE Ier. Dispositions générales.   ib.
TITRE II. Mesures d'exécution.   205
Fermeture de la chasse. (Ordonnance du 25 février 1825.   206
Ouverture de la chasse. (Ordonnance du 23 août 1824.)   207
§ XVIII. Extrait du Code civil.   208
Extrait du Code pénal.   id.
§ XIX. Instruction facile pour les gard eschampêtres, forestiers et gardes chasse.   211

OBSERVATIONS SUR LES RAPPORTS.

Circonstances.   214
Article xxxix de l'ordonnance du roi du mois d'août 1669.   217
Article ix de l'ordonnance du roi du mois d'août 1669.   ib.
Article vi de l'ordonnance du roi du mois d'août 1669   ib.
Modèle d'un procès-verbal d'un rapport simple, pour délit commis en fait de bois.   218
Vocabulaire du chasseur.   220

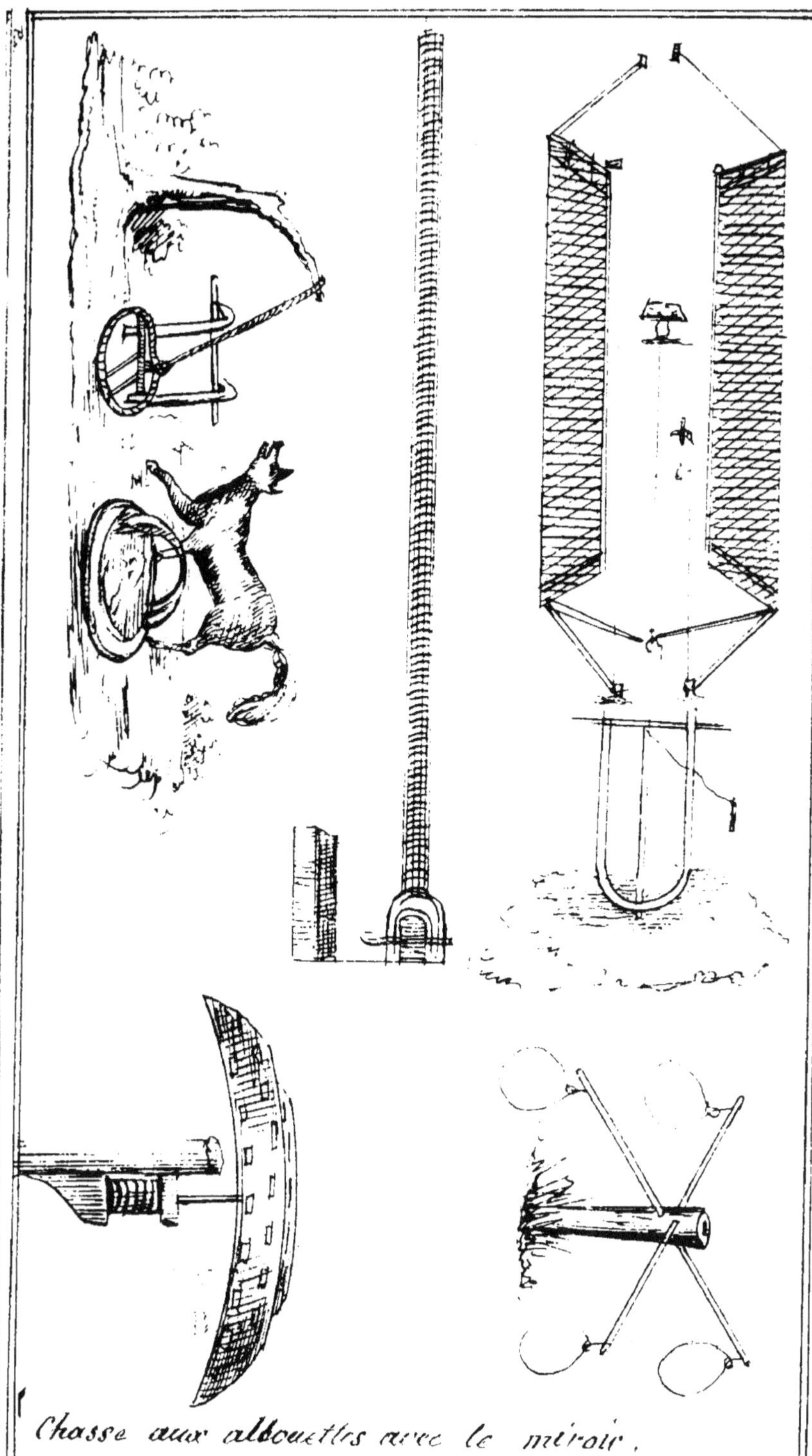

Chasse aux alouettes avec le miroir.

Vache artificielle

Piège aux renards.

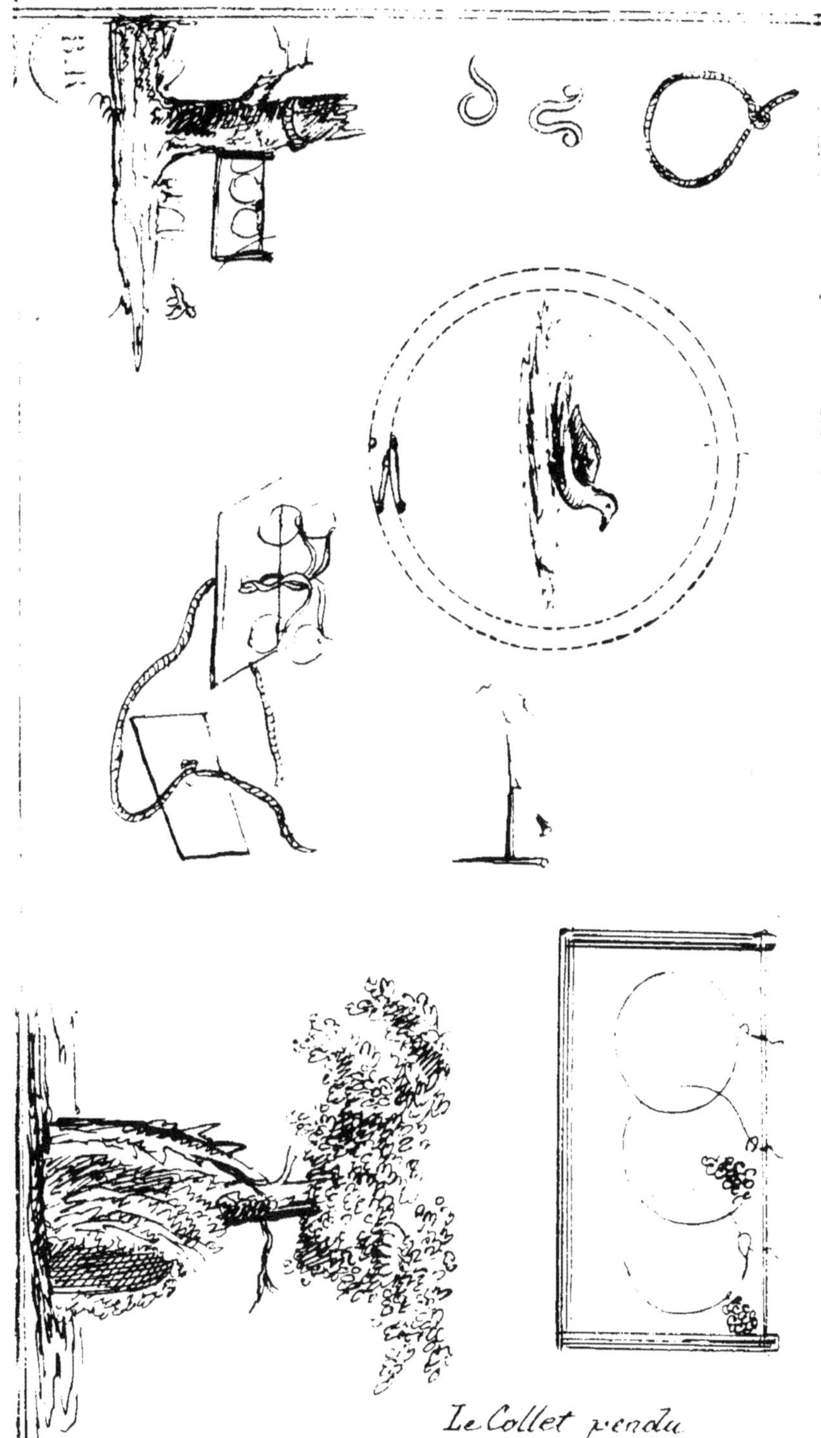

Le Collet pendu

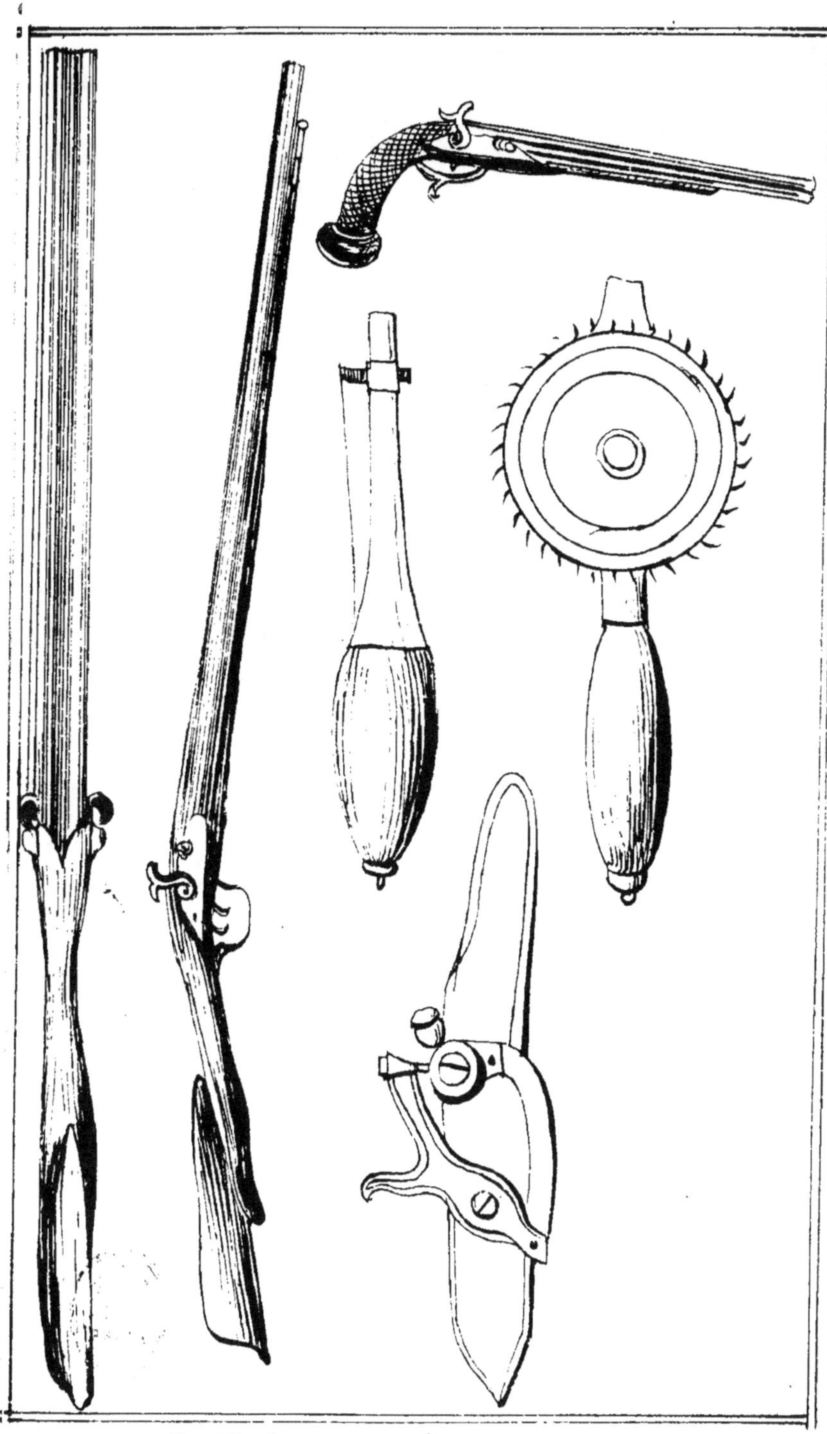

fusils à piston à bascule et.ᵃ

Chasses aux allouettes avec filets.